AF208294

INHALT

BEST OF NETWORK-MARKETING

„Queens of Success"
im modernsten Business
unserer Zeit

Bibliografische Information der Deutschen Nationalbibliothek:
Die Deutsche Nationalbibliothek verzeichnet diese Publikation in der
Deutschen Nationalbiografie; detaillierte bibliografische Daten sind
im Internet abrufbar über
http://dnb.d-nb.de

ISBN: 978-3-96566-019-9

Impressum
Verlag:
REKRU-TIER GmbH, 82166 Gräfelfing

EDITORIAL

Wenn's am schönsten ist, soll man ja bekanntlich aufhören. Von wegen! Jetzt geht es erst so richtig los. Denn als wir im REKRU-TIER-Verlag das Buch mit dem Titel *„Best of Network-Marketing – Leader of Success im modernsten Business unserer Zeit"* im Herbst 2021 herausbrachten, war der Beifall groß. Wow! Sensationell, welche Begeisterung diese spezielle Network-Marketing-Lektüre ausgelöst hat. War das Werk doch zugleich auch das Ergebnis unserer extrem guten Verbindungen in die Branche, mit dem es uns on top gelungen ist, das „WHO's WHO" der Network-Marketing- und Direktvertriebs-Szene in Deutschland, Österreich und der Schweiz in einem Buch zu vereinen. Somit hat es REKRU-TIER geschafft, eine bisher noch nie dagewesene Visitenkarte für diese faszinierende Branche zu schaffen. Außerdem: Wer will nicht von den Besten der Besten lernen? Die Tricks, Kniffe und Geheimnisse erfahren, die der entscheidende Kick zum Durchbruch und zum großen Erfolg sein können. Ja, diese „20 Network-Leader" aus dem Buch haben es geschafft, sind ganz oben angekommen und haben gigantische Erfolgsreisen erlebt. Nein, so etwas kann man sich nicht ausdenken. Solche Storys schreibt nur das Network-Marketing-Leben. Aber das Beste daran: Ihr könnt das auch! Und REKRU-TIER hilft euch mit seiner Expertise und seinen Connections dabei! Und so war es nur eine logische Konsequenz, dass auf diesen Bestseller ein weiterer Kracher folgen muss: ein Buch über die besten Frauen im Network-Business. Denn die Zeit ist mehr als reif dafür. Das Ergebnis haltet ihr jetzt in den Händen. 20 mitreißende Erfolgsgeschichten von beeindruckenden Frauen im Network-Marketing. Seite für Seite wird deutlich: Diese Frauen haben jede Anerkennung mehr als verdient.

Vor allem, weil die maskulin dominierten Zeiten vorbei sind! Endgültig!

Zwar ist das einst so genannte „schwache Geschlecht" in der Weltbevölkerung knapp in der Unterzahl, aber in Deutschland sieht es genau andersherum aus: Hier leben laut aktueller Statistik rund 42 Millionen Frauen und damit eine Million mehr als es Männer gibt. Und bei noch einem Zahlenwert haben Frauen laut Statistischem Bundesamt die Näschen vorn: Während die durchschnittliche Lebenserwartung der Frauen in Deutschland nämlich bei rund 83,4 Jahren liegt, werden die Männer im Durchschnitt nur rund 78,6 Jahre alt. Doch jetzt kommt das große ABER: Von 100 Erwerbstätigen sind nur 46,6 Frauen im Berufsleben aktiv. Im Vergleich zu ihrem Anteil an der Gesamtbevölkerung sind Frauen im Job in Deutschland damit immer noch unterrepräsentiert. Und das gilt erst recht in den deutschen Führungsetagen. Wenngleich die Trendkurve sanft nach oben zeigt. Das bestätigt eine Auswertung des internationalen Prüfungs- und Beratungsunternehmens Ernst & Young aus dem Januar 2022. Demnach gibt es in den börsennotierten deutschen Unternehmen in den obersten Führungsgremien, allen voran bei Unternehmensvorständen, zunehmend weiblichen Zuwachs. Hier erhöhte sich nämlich die Anzahl von weiblichen Vorstandsmitgliedern in den 160 Unternehmen der DAX-Familie auf immerhin 94 Spitzen-Managerinnen. Aber trotzdem ist es eine beklagenswerte Tatsache, dass aktuell immer noch in mehr als der Hälfte der besagten Unternehmen eben keine Frau in einem Vorstand sitzt. Und damit hinkt Deutschland im internationalen Vergleich weit, weit hinter anderen Nationen hinterher. Aktuell steht nämlich im Durchschnitt eine Frau als Top-Führungskraft sechs Männern an der Firmenspitze gegenüber ...

Wie gänzlich anders – und erfreulicher – sieht es da im Network-Marketing aus. Wieder einmal mehr drehen sich die Uhren in dieser großartigen Branche konträr und nahezu komplett andersherum. Während in der herkömmlichen Wirtschaft und Arbeitswelt der weibliche Aufwärtstrend zwar langsam und zögerlich nach oben zeigt, sind im Network-Marketing Frauen schon lange ganz oben angekommen. Mehr noch – hier dominieren Frauen das Business. Sie haben sogar einen ganzen international boomenden Wirtschaftszweig und dessen einzigartigen Spirit maßgeblich von Beginn an geprägt. Und dies mit so typisch weiblichen Tugenden und nachhaltigen Impulsen, wie es eben nur Frauen zu tun vermögen. Empathie, Mitmenschlichkeit, Emotionen, Miteinander statt Ellenbogen, Diplomatie, Teamwork, Behutsamkeit, Feingefühl – und das sind nur einige Begriffe, die eine weiblich beeinflusste Führungsattitüde ausmachen. Sie finden, diese Auflistung von Führungseigenschaften à la Frau sei zu dick aufgetragen? Bei Weitem nicht. Denn es muss einen Grund haben, warum seit Beginn des Network-Marketings auf die weibliche Intuition in diesem Business dermaßen vertraut wird. Eine Network-Bibel würde wohl wie folgt auf der ersten Seite beginnen: „Am Anfang war die Frau ...“

Das wusste auch David H. McConnell, Begründer der „California Perfume Company“, die später unter dem Namen „Avon“ weltberühmt wurde. Er setzte schon zum Ende des 19. Jahrhunderts auf „Frauenpower“ und war damit seiner Zeit weit voraus. Satte 62 Jahre, bevor die Vereinten Nationen die Gleichberechtigung von Frau und Mann in ihre Menschenrechtserklärung festschrieben, bot er Frauen die damals sensationelle und wohl auch einmalige Chance auf unternehmerische Selbstständigkeit. Als er nämlich im Jahr 1886 P.F.E. Albee zu seiner ersten selbstständigen Repräsentantin machte. Damals nahezu unfassbar, in Zeiten, als Frauen weder wählen noch ohne Erlaubnis ihrer Männer arbeiten oder eigenes Geld verdienen durften. Doch McConnells Mut und Weitsicht wurden belohnt. Denn er war sich sicher, dass nur Frauen wiederum typische Frauenprodukte zielsicher beratend verkaufen konnten. Nur sie konnten etwaige Angebotsvorteile glaubhaft vermitteln und empfehlen. Zugleich der Startschuss für ein ebenso neuartiges wie grandios erfolgreiches Vertriebssystem. Die heute mehr als 6,5 Millionen Avon-Beraterinnen sind der allerbeste Beweis dafür, dass David H. McConnell absolut richtig lag.

Doch damit nicht genug. Auch ein anderer „Big Player" im internationalen Network-Marketing-Markt verdankt den Frauen von Beginn an seinen Erfolg und seine weltweite Berühmtheit. Wie sonst hätte Earl Silas Tupper es schaffen können, dass seine „Tupperware" vom Ladenhüter in den Einzelhandelsgeschäften und Baumärkten zu einem Renner auf privaten „Selling Home-Partys" werden konnte? Die rettende Idee dazu hatte nicht er, nein, sondern – Sie ahnen es schon – eine kluge Frau: Brownie Wise. Sie erkannte das Potenzial der „Wunderschüssel", wie diese auch gern in Fachkreisen genannt wird. „Die gehört in jeden Haushalt", resümierte die clevere Verkäuferin 1951 und erfand die heute so berühmten Haus-Partys, wo im Kreise von Freunden und Bekannten die Waren „made by Tupper" vorgestellt, ausprobiert, verkauft und weiterempfohlen wurden und werden. Über 70 Jahre später ist Tupperware nicht nur weltweit bekannt, sondern auch ein wirtschaftlicher Welterfolg.

Bei solchen beeindruckenden Beispielen von sprichwörtlicher Frauenpower bekommt die Redewendung „seinen Mann stehen" fast schon groteske Züge. Eine Lady, die in der Network-Branche ebenso „ihre Frau felsenfest gestanden hat", tat dies genau aus zwei Gründen: erstens wegen ihrer Männer und zweitens wegen eklatanter Frauenbenachteiligung durch Männer! Die Rede ist von Mary Kay Ash. Deren Wirken, Schaffenskraft, Geschäftserfolg sowie unternehmerische Spürnase ist eine regelrechte Ohrfeige für Machos und Unbelehrbare. Das Ganze sicher beeinflusst von negativen Erfahrungen mit Männern in ihrem Leben. Nach der Scheidung vom ersten Ehemann und nach dem frühen Tod von Gatte Nr. 2 musste die Vollblut-Texanerin auch noch eine satte Karriere-Schlappe in ihrer Vertriebslaufbahn hinnehmen. Nämlich als ihr ein anfangs unterstellter Mann, den sie zudem selbst ausgebildet hatte, bei der fälligen Beförderung vorgezogen wurde. Heute mehr als eine Frechheit, wohl eher ein handfester Skandal – in den 1960er-Jahren hingegen eher üblich. Doch die selbstbewusste Blondine zeigte es allen. Getreu dem Motto: „Legt euch nicht mit einer starken Frau wie mir an!" Gut so, denn sie schrieb ein Buch, das Frauen in Bezug auf Karriere motivieren und bestärken sollte. Doch damit nicht genug – aus ihren Thesen entwickelte sie kurz darauf den Karriereplan für ihr eigenes Unternehmen. Eines, das wie kaum ein anderes für das Selbstbewusstsein und für das unternehmerische Selbstverständnis von Frauen stehen sollte: Mary Kay Cosmetics! Eine Network-Marketing-Company, die heute weltweit über drei Millionen Beraterinnen zählt.

Noch Fragen? Das waren lediglich drei prägnante Beispiele, wie sehr Frauen im Network-Marketing mehr als nur ihren Mann stehen. Und die Branche ist voll von diesen weiblichen Karrieren, von diesen großartigen und beeindruckenden Erfolgsstorys – allesamt geschrieben von Frauen mit innovativem Unternehmergeist, den sie im Network-Marketing ungebremst ausleben können. Ein Wirtschaftssektor, der so gar keine Grenzen kennt – erst recht nicht für Frauen. Denn er steht quasi für Gleichberechtigung, ist die real gewordene Chancengleichheit. Hier gibt es keine Frauenquote, sondern hier wird die Quote vielmehr von Frauen gemacht. Das, was heute politisch zunehmend beklagt und für die herkömmliche Arbeitswelt gefordert wird, ist in der Network-Marketing-Branche nicht nur von Beginn an vorhanden. Nein, es ist eine Grundvoraussetzung, ein Fundament der Funktionalität. Ohne geht es nicht. Das System hätte keine Chance. Begriffe wie „Glass Ceiling" oder „Gender Pay Gap", die eine skandalöse Benachteiligung von Frauen im Berufsleben beschreiben, sind im Network-Marketing nicht vorhanden, weil es genau diese Benachteiligung hier nicht gibt. Die unsichtbare Barriere (= gläserne Decke, = engl. Glass Ceiling), auf die Frauen mit höherer Bildungsstufe in ihrer beruflichen Laufbahn irgendwann immer wieder stoßen, existiert in diesem ökonomischen Genre nicht. Wie auch, wo doch der Karriereplan transparent ist und sich rein nach Zahlen und individueller Performance orientiert?

Oder der beklagenswerte Unterschied bei der Bezahlung von Frauen und Männern im Angestelltenverhältnis? Aktuell werden laut Statistischem Bundesamt Frauen immer noch durchschnittlich 21 Prozent schlechter für gleiche Arbeit gegenüber Männern bezahlt. Das ist mehr als eine bloße Frechheit. Es ist beschämend! Wie gut, dass im Network-Marketing ein „Gender Pay Gap" absolut kein Thema ist. Noch ein Grund mehr, der für diese progressive Branche spricht und damit Werbung in eigener Sache ist.

Network-Marketing ist der Schlüssel zur Unabhängigkeit, zur Freiheit für alle – und insbesondere für Frauen, weil hier Fairness und Gerechtigkeit regieren. Und so ist es nicht weiter verwunderlich, dass rund 75 Prozent aller im Network Aktiven eben Frauen sind, die hier mit ihrer Leistungsperformance für satte Milliardenumsätze sorgen. Es sind also allen voran Frauen, die diese außergewöhnliche Branche am Laufen halten, die für Jobs sorgen, die Chancen kreieren, die Kaufkraft generieren, die Karrieren gestalten, für Freiheit und Unabhängigkeit sorgen, die Teamwork leben und Gefühle lieben. Kurzum: In diesem Buch lernen Sie diese außergewöhnlichen Macherinnen noch ein Stück weit näher kennen. Wie sie denken, wie sie arbeiten, wie sie fühlen, führen und neue Erfolgsgeschichten kreieren. Leistungsträgerinnen im Network-Marketing, die es geschafft haben – aber wie? Überaus persönliche Porträts von „ausgezeichneten" Frauen, die dem Business ihren prägenden Stempel aufgedrückt haben, die Chancen ergriffen und genutzt haben. Und die auf eindrucksvolle Weise demonstrieren, dass Erfolg im Beruf keine Last, sondern eine Lust ist. Die darüber hinaus offenbaren, dass die Fähigkeiten und Skills einer Frau ideal geeignet sind, um Siege, Erfolge und Triumphe zu erschaffen. Diese wirklich freien Frauen leben den einzigartigen Network-Spirit mit jedem Atemzug. Sie setzen dabei dem Business quasi die Krone auf und sind somit völlig zu recht „The Queens of Success"!

ILONA BÜRKLE

PM-INTERNATIONAL

ICH GEH LEBEN –
KOMMST DU MIT?

The Beauty and the Beast – wer dieses schöne Märchen auf Ilona Bürkle projiziert, für den steht außer Frage, wer „the Beauty" ist. Na klar, Ilona Bürkle eben. Schön, charmant, gebildet, ladylike, mit einem Lächeln ausgestattet, das Eisberge zum Schmelzen bringt und das in einem Zug Herzen erobern kann. Kein Wunder, dass sie bei Freunden und Familie als ein echter „Sonnenschein" gilt. Ist ihr freundliches Lächeln doch schon mehr als ein Markenzeichen geworden. Mehr noch, dieses Strahlen drückt innere Ruhe, Harmonie und ein positives Mindset aus, das gerade im Network-Marketing bei anderen aussichtsreiche und hoffnungsvolle Impressionen hinterlässt. Keine bloße Masche, kein Kalkül oder nützliches Werkzeug, sondern vielmehr Überzeugung, Schaffensfreude und ehrliche Zuversicht, auch anderen Menschen mit dieser Einstellung weiterhelfen zu können. Diese Frau ist präsent, ist aber ebenso dezent und trotzdem wiederum außerordentlich sichtbar. Aber was ist mit dem zweiten Part der zuvor genannten Erzählung – „the Beast"? Auch das ist vorhanden. Nur nicht als mieser Charakterzug, oder drohend in ihr schlummernd verborgen. Es sind vielmehr ihre inneren Dämonen, die sich primär in einem einzigen Gedanken manifestieren, der da lautet: „Was werden die anderen von mir denken?" Und mal ganz ehrlich: Wer kennt diesen Gedanken nicht? Wer hat nicht schon einmal – vielleicht von den eigenen Eltern – diese Frage gestellt bekommen? Eine Frage, die hemmt, die zurückhält, die Mauern aufbauen kann und die nachhaltig prägt. Fordert sie doch intensive Rücksichtnahme sowie das Zügeln des eigenen Egos. Ilona Bürkle ist in Bezug auf die Wirkung dieser omnipräsenten Frage nahezu ein Paradebeispiel: Sie ist heute ein Stück weit „Everybody's Darling"

– im Network-Marketing wohl mit das Beste, was einem passieren kann. Nämlich einfach nur gemocht zu werden. Aber der Weg dahin war für sie weder einfach noch eine Selbstverständlichkeit, sondern ein dauerndes Ringen mit dem inneren Ich ...

Dabei steht ihr die Rolle des „Darlings" wirklich gut. Sie scheint ihr auf den Leib geschneidert zu sein. Es ist heute vielleicht sogar insgeheim ihre stärkste, beste und schärfste Waffe, wenngleich ihr das gar nicht selbst bewusst zu sein scheint. Auch nicht, wenn sie dieses geradezu entwaffnende Strahlen mehr oder weniger unbewusst einsetzt. Kann man sich einer Ilona Bürkle entziehen? Nein! Das kann man getrost vergessen. Das funktioniert nicht. Weil sie einfach, wie eine gute Fee aus einem Disney-Trickfilm, mit jedem Lächeln, mit jedem Satz, mit jeder Geste auf ihre ganz eigene Art „Feenstaub" zu verstreuen scheint, dessen magische Wirkung einen dann um- und einhüllt. Was sich aber heute so bezaubernd anhört, ist vielmehr ein über Jahre hinweg schwer erkämpfter Sieg über sich selbst. Es ist der Lohn für einen harten Fight, dem die gebürtige Kirgisin, die mit 1,5 Jahren mit ihren Eltern nach Deutschland auswanderte, um eben ein besseres Leben leben zu können, mit sich selbst und mit anderen ausgefochten hat. „Natürlich habe ich gesehen, was andere im Network-Marketing erreichen. Aber ich stellte mir anfangs immer die Frage, warum ausgerechnet ich das ebenfalls schaffen könnte? Denn nur, weil es für andere funktioniert, heißt das ja nicht, dass ich das auch hinbekomme. Diese Zweifel aber habe ich heute beseitigt. Und zwar indem ich vor Jahren allen Mut zusammengenommen habe und mich durchkämpfte – gerade gegen meine inneren Zweifel und Widerstände. Ich habe es angepackt und mir selber gezeigt, dass es für mich funktioniert. Warum auch nicht? Ich hatte ja auch nichts zu verlieren. Denn wie will man etwas verlieren, was man vorher noch gar nicht hatte? Etwas, von dem man bisher lediglich nur träumte? Diese Träume aber kann einem niemand nehmen. Genau weil ich es angepackt habe, weil ich mit aller Kraft durchgehalten habe, weiß ich, dass so ein Weg nicht leicht zu gehen ist, wenn man sich nämlich selbst etwas beweisen will. Es ist ein Kampf gegen sich selbst. Das allein aber ist das beste Heilmittel gegen nagende Selbstzweifel, die mich lange verfolgt haben. Es macht einen stärker. Mich auf alle Fälle", erklärt die heute überaus erfolgreiche Networkerin, die bei PM-International zu den weiblichen Top-Führungskräften gehört.

Sie hat sich durch engagierte Arbeit, mit Durchhaltevermögen und eben ihrer ureigenen gewaltigen Empathie-Power ein außergewöhnliches Leben verdient. „Außergewöhnlich ist mein Leben dann, wenn ich meine Träume leben darf. Wenn ich das erleben und genießen kann, was ich mir vorher kaum als Realität vorstellen konnte. Weil es zuvor pure Sehnsucht war, die mir unerreichbar schien. Seien wir doch ehrlich: Die meisten Menschen stecken in einem Lebenskonstrukt fest, in dem ihre Wünsche – wenn sie diese überhaupt kennen – nur noch eine extrem untergeordnete Rolle spielen. Ist das nicht sogar die Definition von einem sogenannten ‚normalen Leben'? Schade, dass es normal zu sein scheint, ein Leben in gröberen Abschnitten vorhersagen zu können: Schule, Ausbildung, Job, kurzes Verliebtsein, Heiraten, Kinder kriegen, Geld verdienen und von da an dann auf die Rente warten, um anschließend ins Grab zu steigen. Sieht so nicht die Timeline vieler Menschen auf der ganzen Welt aus? Exakt das ist mir schon früh bewusst geworden. Ebenso die Gewissheit, dass ich genau das für mich nicht will. Hamsterrad, nein danke! Vor diesem Hintergrund ist es doch geradezu ein positiver Wahnsinn, wenn ich heute sagen kann: Ich darf machen, worauf ich Lust habe. Und das aus einem einzigen Grund: Weil ich es kann! Weil es für mich möglich ist! Weil ich dafür hart gearbeitet habe! Und weil das System Network-Marketing mir genau das ermöglicht", verdeutlicht die in Hamburg lebende Networkerin.

Ins Network-Marketing-Business einzusteigen, ist eigentlich leichter als leicht. Denn Auswahlkriterien, gerade in Form von Zeugnissen und Prüfungen, gibt es ja so gut wie keine. Es geht vielmehr darum, vielleicht gegen die eigene, innerliche, latent spürbare Unzufriedenheit des bisherigen beruflichen Daseins angehen zu wollen. Und darum, dann die Courage aufzubringen, aus dieser Enge endlich auszubrechen. Nur muss der Leidensdruck hoch genug oder sogar noch höher sein, um halt über dieses imaginäre Hindernis mitten rein in die eigene Wunschwelt zu springen …

ERSTER KONTAKT MIT EINEM NEUEN SYSTEM – EIN AUSWEG AUS DER MONOTONIE

Dass das aber leichter geschrieben als getan ist, auch dafür ist Ilona Bürkle der lebende Beweis. Denn faktisch verliefen ihr Leben und ihr Alltag genau so „stinknormal", weil sie nämlich ein ebenso typisch „normales Leben" bis dato führte. Na klar, was sollten denn sonst die Leute denken? Somit war sie von Beginn an darauf gepolt, immer schön in der Spur zu bleiben, bloß nicht auszubrechen und dabei bestenfalls den Erwartungen anderer zu entsprechen und zu genügen. Gute Schul- und Berufsausbildung, gut erzogen, angepasst, rücksichtsvoll – und jobmäßig hinein in die für Frauen auch heute noch so limitierte Karriere. Was denn sonst? All das gehört doch angeblich zu einem „normalen Leben", wie es das persönliche Umfeld und die „anderen Leute" insgeheim generell erwarten, dazu. Und die 24 Stunden eines Tages sahen auch

bei Ilona Bürkle nicht wirklich anders aus. Täglich geht es in die Bank, wo sie fleißig ihrem Job nachgeht. Weil man das eben so macht. Spaß? Nicht unbedingt, eher Pflichterfüllung. Und die nötige Abwechslung? Die wartet höchstens mal am Wochenende, wenn es mit der Freundesclique in den Club zum Abfeiern geht. Genau hier aber lernt sie jemanden kennen, der ihr Leben von Grund auf verändern wird. Zuerst mehr unbewusst. Und wahrscheinlich auch ohne Vorsatz. Denn ihre neue Bekanntschaft ist viel zu sehr persönlich an „der attraktiven Ilona" interessiert, als dass ihm der Gedanke kommen könnte, sie auf sein Geschäft anzusprechen und zu sponsern. „Klar, wollte ich wissen, was er beruflich macht. Ich war neugierig. Aber wirklich verstanden habe ich es anfangs nicht, wenn er mir von Events, Präsentationen, aufregenden Geschäftsreisen oder Network-Aktionen erzählte. Bis er mich viele Monate später einlud, mit auf eine Geschäftspräsentation von PM-International im kleineren Kreis zu kommen. Und ja, dieser erste Eindruck hinterließ Spuren bei mir. Plötzlich war etwas in mir, das mich fühlen ließ, hier steckt etwas Spannendes, etwas Aufregendes in diesem Geschäft. Auf der einen Seite wurde mir schlagartig bewusst, dass sich diese neue Welt komplett andersherum dreht, andererseits aber war meinerseits dennoch Vertrauen da. Ein Vertrauen, auch zu demjenigen, der mich zu der Veranstaltung eingeladen hatte, das in mir die Erkenntnis hervorbrachte: Das könnte ein Weg sein, der raus aus der ‚Monotonie des Normalen' führt. Es könnte der Ausweg aus der Öde des Bankenalltags sein! Denn dass ich dort nicht ewig bleiben wollte, das wurde mir mit jedem Arbeitstag vor Ort zunehmend bewusster …", berichtet sie von ihren allerersten Network-Marketing-Berührungen.

Einfach mal ausprobieren, warum nicht? Ein Impuls, den sicherlich schon viele heute erfolgreiche Networker kennen, weil sie vielleicht ähnliche Gedanken zu Beginn ihrer Karriere hatten. Quasi ein kleines bisschen mal am Kuchen naschen. Und Ilona Bürkle nascht, bekommt Lust auf mehr.

Lust auf neue Ufer, neue bisher so weit weg erscheinende Möglichkeiten und Erfolge. „Es bestand ja für mich kein Risiko, zumal ich das Network-Geschäft nebenbei parallel zu meinem Hauptjob aufbauen konnte. Etwas, was ich zusätzlich als vertrauenswürdig empfand. Denn alles Bisherige liegen und stehen zu lassen, um mich ad hoc sofort nur noch im Network-Marketing zu engagieren, das hätte ich ohnehin nicht getan. So ein Risiko wäre ich niemals eingegangen", macht Ilona Bürkle deutlich.

Doch Theorie und Praxis haben nicht immer viel gemeinsam. Network-Marketing – das hörte sich doch leichter an, als es tatsächlich war. Termine, Gespräche, Empfehlungen – alles kein Selbstgänger. Dazu der Zeitaufwand, nämlich immer aktiv zu sein, wenn andere schon Feierabend haben. Das spürt auch die damalige Neu-Networkerin, die vor allem aber mit der Ablehnung aus dem persönlichen Freundeskreis und aus der Familie haderte. Ein Gegenwind, mit dem sie so nicht gerechnet hatte, schon gar nicht in dieser Intensität. „Zugegeben, ich bin wirklich auf eine gewisse Art naiv in das Geschäft gestartet. Denn für mich war klar, dass es sich hierbei um eine riesige Chance handelt, die doch jeder aus meinem Umfeld kennenlernen und bestenfalls sogar nutzen sollte. Ich habe mit vielem gerechnet, aber sicher nicht mit einer solch vehementen Ablehnung. Das hat mich getroffen, zumal ich doch von mir selbst wusste, dass ich es nur gut mit den anderen meinte. Heute aber weiß ich, warum mich mein Freundeskreis damals so ganz anders wahrnahm. Denn plötzlich zeigte die Ilona, die sie bisher kannten, eine komplett andere Seite von sich. Ging es sonst am Wochenende ab zum Feiern in die Diskothek, war ich plötzlich mit Persönlichkeitsentwicklung beschäftigt, las andere Bücher, traf einen ganz anderen Kreis von Persönlichkeiten als bisher und war eben am Wochenende auf Seminaren und Veranstaltungen. Zwar habe ich niemals missioniert, aber doch voller Begeisterung von der Chance Network-Marketing gesprochen. Ich war wohl für meine Freunde, die anfingen hinter meine

Rücken zu tuscheln, ein Spiegel, der eine gewisse Veränderung zeigte. Der ihnen demonstrierte, wie das Leben mit einer anderen Facette auch noch sein könnte. Eben anders als bisher. Und da viele Menschen Angst vor Veränderungen haben, wussten sie wohl nicht mit mir und meiner neuen Seite richtig umzugehen", analysiert die engagierte Führungskraft.

WENN SICH DER RICHTIGE WEG PLÖTZLICH VERDAMMT SCHWER ANFÜHLT

Doch das „No" im Umfeld allein ist es nicht nur, das ihr das Leben in der Network-Anfangsphase erschwert. Hinzu kommt die Erkenntnis, dass dieses Business vor allem eins ist: harte Arbeit! Dazu eine permanente Konfrontation mit dem Nein und dass der Weg nach oben zum Glück und zur Realisierung der persönlichen Wünsche nicht konstant steil bergauf führt, sondern dass zu den Ups auch die Downs gehören. „Es fühlte sich für mich plötzlich so schwer an. Schwer, weil es nicht so schnell ging, wie ich anfangs dachte, und weil es eben doch nicht so einfach war, wie ich im ersten Augenblick vermutet hatte. Ich war das nicht gewohnt. Denn bisher funktionierten Dinge bei mir immer auf Anhieb, wenn ich mich für eine Sache engagierte. Plötzlich aber nagten Selbstzweifel an mir. Und das kannte ich in dieser Form so nicht. Und schon schien mir eines klar zu werden: ,Network-Marketing ist toll, aber ist wohl doch eher etwas für die anderen statt für mich' …", gesteht die heutige Spitzen-Networkerin rückblickend ihre damaligen Denkmuster ein.

Und so war es auch kein Wunder, dass ihre anfängliche Euphorie mit der Zeit immer mehr nachlässt. Parallel warteten zudem neue Impressionen auf sie – beispielsweise bei einem mehrmonatigen Auslandsaufenthalt für ihre Bank, für die sie ja primär hauptberuflich tätig war. Und zu guter Letzt wurde der vermeintliche „Ausweg Network-Marketing" auch noch mit einem neuen Angebot seitens ihres Arbeitgebers zugedeckt: Man bot ihr die Position als Zweigstellenleiterin einer Filiale an. Wow, für eine 26-Jährige ein großer Schritt voran auf der Bank-Karriereleiter. War das vielleicht eine neue Perspektive? Konnte das Berufsleben in der Bank doch aufregender und interessanter werden, als ursprünglich von ihr gedacht? Ilona Bürkle trat die neue Stelle an, was mit einem Umzug von Hannover nach Göttingen verbunden war. Fast unbemerkt rutscht das zuvor interessante und vielversprechende Network-Business samt dem kompletten Umfeld mehr und mehr in den bedeutungslosen Hintergrund und führt nur noch ein müdes Schattendasein. „Meine neuen Aufgaben und Herausforderungen hatten jetzt Priorität. Auf diesem Erfolg lag mein Fokus und ich gab alles, setzte mich voll ein. Das Ernüchternde aber war die Erkenntnis, dass die anderen leider so gar nicht mitzogen. Im Gegenteil, das neue Team ließ mich ziemlich deutlich spüren, was es von einer jungen weiblichen Führungskraft wie mir hielt – nämlich sehr wenig. ‚Worauf hatte ich mich da bloß eingelassen?', schoss es mir immer wieder durch den Kopf. Der Jobfrust wurde noch größer als zuvor. Wenn einem morgens schon die Last des Tages, die erst noch kommen wird, zu erdrücken scheint, dann ist das eine furchtbar belastende Situation. Das waren für mich wirklich schwere Zeiten. Es raubte mir jegliche Energie. Dennoch kann ich heute sagen: Ich habe meine Aufgaben trotzdem recht erfolgreich bewältigt, aber eben mit viel Biegen und Brechen. Spaß hat das absolut nicht gemacht. Ist es da ein Wunder, dass der schon einmal in mir gepflanzte Network-Samen erneut in meinem Kopf ganz, ganz zaghaft aufzublühen begann? Wohl kaum! Das war ja irgendwie das Paradoxe an meiner Situation: Ich hatte im Grunde genommen ja schon die passende Lösung für mich und mein Leben gefunden. Nur hatte ich lediglich noch nicht den Mut aufgebracht, diese Erkenntnis mir selbst einzugestehen und mich vollständig auf die anstehenden Aufgaben, die eben im Network-Marketing erledigt werden müssen, einzulassen. Wohlwissend, dass genau das so schwer sein wird. Und, das gehört zur Wahrheit ebenfalls dazu: Ich hatte Angst davor, wie man über mich denken würde, dass ich jetzt zum zweiten Mal an den Start gehen wollte. Konnte ich die ohnehin großen Erwartungen nach meinem ersten Abtauchen diesmal erfüllen? Was würde man sagen, wenn ich nun wieder auf Veranstaltungen präsent sein würde? Bin ich überhaupt noch willkommen! All diese Gedanken stürzten auf mich ein", offenbart sich Ilona Bürkle. Da ist sie wieder, die Frage aller Fragen: Was denken die anderen? Ihr ganz persönlicher Dämon klopfte von innen bei ihr an …

Doch Ilona Bürkle ringt sich durch, rafft sich auf und fährt nach einigen Telefonaten mit anderen Führungskräften nach einer langen Network-Abstinenz nun doch auf ein größeres PM-International-Event. „Die Atmosphäre, die tollen Leute, das komplette Feeling – das alles inspirierte und motivierte mich schlagartig wieder. Es waren diese ,good Vibrations', dieses Gefühl der Grenzenlosigkeit, die mich erneut voll erwischten und mir wurde augenblicklich bewusst: Es geht! Es liegt nämlich ausschließlich an mir, ob es funktioniert oder nicht. Nur an mir allein …", betont die sympathische Network-Führungskraft und fügt ehrlich hinzu: „Mein Re-Start aber war noch kein Glaube an meinen Erfolg. Überhaupt nicht. Es war eher die innerliche Angst davor, irgendwann aufzuwachen mit dem Wissen, es nicht wirklich und konsequent probiert zu haben und dadurch vielleicht die großartigste Chance meines Lebens verpasst zu haben. Diese Befürchtung trieb mich an – zusammen mit dem Vorsatz: Raus aus der Bank! Ein paar Euro mehr nebenbei, nein, das hatte für mich keinerlei Bedeutung. Ich verdiente auch damals schon gut. Für etwas mehr Taschengeld hätte ich mir diesen enormen Aufwand und die Arbeit niemals angetan. Mein mentales ‚Big Picture' hatte ich klar definiert vor Augen: Die Chance auf ein freies, selbstbestimmtes Leben, das eben auch für mich, für eine Ilona Bürkle, möglich ist."

DISZIPLIN UND VERLÄSSLICHKEIT ALS WERTEFUNDAMENT IM BUSINESS

Stück für Stück arbeitet sie sich voran. Erhöht die Schlagzahl, taktet die Tage immer enger und immer strukturierter durch. Als dann noch im Sommer 2015 endlich ihre Cousine mit ins Business einsteigt, die anfangs aus Skepsis nicht mitmachen wollte, nimmt das Geschäft zunehmend Fahrt auf und das Fundament für den heutigen Erfolg wird gegossen. Es sind insbesondere zwei ihrer ureigenen Tugenden, die Ilona Bürkle in diesem Stadium eine wertvolle Hilfe sind: Disziplin und Verlässlichkeit! Zwei Skills, die auch auf ihrer Erziehung basieren und die bei ihr von höchstem Wert sind.

„Wenn ich etwas anfange, führe ich es auch zu Ende – immer. Und ich halte ebenso immer mein Wort – auch mir selbst gegenüber. Selbstbetrug? Das ist für mich absolut kein Thema. Denn wenn ich mir vornehme, etwas zu tun, dann erledige ich das auch. Nicht morgen oder übermorgen, sondern heute. Ja, ich kann mich selbst auf mich verlassen", bekennt sie lächelnd und ein kleiner Hauch Stolz schwingt bei der Network-Marketing-Professional mit. Völlig zu recht.

„Professional"? Ein Titel, der wie eine Qualifikation erscheint. Aber wann ist jemand ein „Professional"? Was gehört dazu, um sich überhaupt in der Network-Marketing-Branche „Professional" nennen zu dürfen? Für Ilona Bürkle gehört als Basis die Hauptberuflichkeit dazu, ferner eine gewisse Team- und Einkommensgröße sowie professionelles Networking. Die Theorie muss also einer kompletten Praxis gewichen und damit zu 100 Prozent durchlaufen, erlebt und erfolgreich bewältigt worden sein. Alles das, was sie selbst schon geleistet hat und warum sie sich eben auch selbst „Profi" nennt.

„Wahre Network-Professionals wissen, wie sie anderen ein gutes Gefühl geben können und treten mit ihnen zusammen Hand in Hand den Beweis dafür an, dass unser Business auch für sie funktioniert. Wenn das geschieht, gehen andere diesen Weg auch entsprechend langfristig mit, weil sie nämlich Erfolg direkt erleben. Weil sie spüren, dass sie nicht allein gelassen werden. Wahre Network-Profis wissen aber auch, dass sie nicht perfekt sind, sondern täglich dazulernen müssen. Niemand startet als kompletter Networker in dieser Branche. Jeder muss lernen. Das ging mir nicht anders. Auch ich habe nicht vom Start weg alles Nötige mitgebracht, um eine Top-Networkerin zu sein. Ich habe gelernt bzw. dazugelernt und lerne bis heute jeden Tag, denn das hört nie auf ...", sagt sie und fügt hinzu, davon überzeugt zu sein, dass man alle notwendigen Skills erlernen kann, um in diesem Geschäft erfolgreich werden zu können. Von der richtigen Kommunikation bis zum Time-Management, vom Produktwissen bis zur sprachlichen Versiertheit.

Vor diesem Hintergrund bekommt ihr Glaubenssatz: „Arbeite härter an dir als an deinem Business" noch mehr Bedeutung. Auch, weil dies erst eine grundlegende Notwendigkeit im Network-Marketing-Geschäft ermöglicht: den Spirit vorzuleben und damit quasi das Geschäft regelrecht zu verkörpern. Man kann eben nicht rauchend und trinkend anderen einen gesunden Lebensstil predigen. Das funktioniert nicht – weil es weder glaubwürdig ist, noch Vorbildcharakter hat. Ilona Bürkle aber ist Vorbild. Ihr Grund jeden Morgen aufzustehen, ist die Freude, die Network-Chance an andere weiterzugeben. Daraus resultiert auch ihre bedeutsame Frage, die bei PM-International schon ein geflügeltes Wort geworden ist: „Für wie viele Menschen möchtest du die Person sein, die alles in ihrem Leben verändert?" Ein Motiv, das sie glücklich macht. Und genau das ist sie – glücklich. Vor allem, weil sie sich ihrer aktuellen Situation bewusst ist.

„Mein Leben ist voller neuer Inspirationen. Meine früheren Grenzen, die mich aufgehalten haben, gibt es nicht mehr. Jeder Tag ist für mich ein prall gefüllter Rucksack voll schöner Momente und Überraschungen – Grund genug, glücklich zu sein. Sicherlich nicht immer, aber immer öfter ...", freut sie sich und gesteht: „Alles ist gut, wie es ist. Auch, wenn ich auf mein bisheriges Network-Leben zurückblicke. Natürlich habe ich den einen oder anderen Fehler gemacht. Keine Frage. Aber in der Summe ergibt das alles Sinn, der mich genau dahin geführt hat, wo ich heute stehe. Insofern würde ich auch nichts anders machen."

Per se stimmt das sicherlich. Dennoch macht sie das eine oder andere im Business anders als andere – oder richtiger. „Insbesondere, wenn es darum geht, von anderen Erfolgreichen zu lernen. Ich habe mir von denen vieles abgeschaut und mir bestimmte Techniken angeeignet und sie mir zu Eigen gemacht, um authentisch zu bleiben. Dabei habe ich Wert darauf gelegt, Routinen einzustudieren, die mir im Geschäftsalltag gut tun und die mir die Bewältigung der Herausforderungen erleichtern. Zugleich achte ich mit aller Konsequenz darauf, wer oder was mir gut bekommt – und was eben nicht. Ich benutze das Wort ‚konsequent' dabei ganz bewusst, denn ich ändere im Falle eines Falles auch etwas mit Vollbremsung, wenn ein

Kurswechsel nötig ist!", lüftet sie ein Stück weit ihr Erfolgsgeheimnis. Wobei eine Ilona Bürkle für das Wort „Erfolg" eine ganz eigene Definition besitzt: Es ist ihr individueller Level an Glück! Besser gesagt: Lebensglück! Okay, dann kann der Messwert aktuell nur extrem hoch sein – so wie sie strahlt und wie ihr Glück sie innerlich leuchten lässt. Glück, das ist für sie eine innere Haltung, zugleich die Gewissheit, ihren Weg mit Freude zu gehen und dabei mit sich komplett in Einklang zu stehen. Kein Wunder, dass ihr geradezu mitreißender, extrem motivierender „Life-styled"-Slogan daher auch lautet: „Ich geh leben! Kommst du mit?"

ILONA BÜRKLE –
spontan gefragt, spontan gesagt

● **Mir ist Erfolg wichtiger als …**
„… alles andere! Denn glücklich zu sein, bedeutet für mich Erfolg!"
● **Freiheit bedeutet für mich, …**
„… ich selbst sein zu können!"
● **Manchmal möchte ich lieber …**
„… nur noch lachen und Spaß haben!"
● **Mein liebster Fehler an mir ist, …**
„… mein rollendes „R" in der Aussprache!"
● **Ich langweile mich, wenn …**
„… ich das Gefühl habe, man stiehlt mir die Zeit!"
● **Network-Marketing ist ein modernes Business, weil …**
„… nur derjenige erfolgreich wird, der sich dafür einsetzt andere erfolgreich zu machen und somit der Mensch im Vordergrund steht!"
● **Mein wichtigster Rat an alle Networker lautet, …**
„… verliebe dich in den Prozess, die beste Version von dir selbst zu werden und höre nie auf, für dich und deine Träume loszugehen!"

ANNA HERBST

JEUNESSE unityglobal

DIE GANZE WELT IST MEIN PERFEKTES OFFICE

Ob Brüssel in Belgien, Toulouse in Südfrankreich, Medellín im fernen Kolumbien oder zwischendurch noch Dubai, ein bisschen USA und on top Bremen, Hildesheim und ... egal, Anna Herbst ist eben eine waschechte Weltenbummlerin. Aufgeschlossen, neugierig, stets hungrig auf Impressionen, auf immer andere Umstände und auf dem ganzen Globus zu Hause. Das Fremde ist ihr nicht fremd, sondern eher ein verlangender Reiz, um auf Entdeckung gehen zu können. Wer so wissbegierig und mit offenen Augen in der Weltgeschichte unterwegs ist, bei so jemandem könnte man fast auf die Idee kommen, er rennt seinem Glück hinterher – oder vielleicht sogar unbewusst vorneweg. Getreu dem Motto: „Das Schicksal jagt mich, aber ich bin schneller ...! Doch Network-Marketing kann schneller sein. Sogar schneller als die dynamische Anna Herbst. Denn mitten im Hardcore-Corona-Lockdown in Kolumbien wurde sie von ihrer Fügung eingeholt. Dabei fand sie letztendlich ihre wahre Bestimmung und erobert fortan die Welt für dieses „Exciting Business": Welcome in the funky fancy world of Network-Marketing ...

Nicht gesucht und doch gefunden – so könnte man das Verhältnis der in sich ruhenden und dennoch rastlosen Jung-Unternehmerin beschreiben. Ein Widerspruch in sich? Von wegen! Bei ihr fügen sich Job, Herausforderung, Charakter und Personality zusammen wie ein fertiger Bausatz. Network-Marketing und Anna Herbst sind füreinander bestimmt. Bei ihr passt das Business wie die viel beschriebene Faust aufs Auge. Warum? Eben weil die Anforderungen dieser einzigartigen Branche nahezu deckungsgleich mit den Sehnsüchten, mit den Skills und dem eigentlichen Wesen der reiselustigen Bremerin sind. Kurzum: Es passt! Und das, ohne dass sie anfangs überhaupt auch nur im Entferntesten jemals daran gedacht hatte, eine lupenreine, erfolgreiche Networkerin zu werden. Warum auch? Vielmehr war es das Fernweh, das sie schon immer die Welt entdecken lassen wollte. Neue Eindrücke sammeln, Impressionen auf sich wirken lassen, fremde Kulturen erleben und vor allem Menschen anderer Länder auf anderen Kontinenten begegnen. Das ist es, was sie antreibt. Ein Grund mehr für ihr Studium. „Technische Übersetzung" für Englisch und Französisch. Why not? Immerhin glaubt sie so, mit Niveau und Kompetenz ihre Neugierde auf Erlebnisse und auf die Ferne stillen zu können. Die Richtung stimmt, das Ziel noch nicht ...

Die heutige Network-Durchstarterin will mehr. Viel mehr – vor allem mehr Luft zum Atmen, mehr Freiheit, mehr mentalen Funkenflug. Und dies trotz bemerkenswerter Karriereergebnisse, die sie bis dato schnell im Angestelltendasein nach Brüssel und an die französische Südküste nach Toulouse führten. Ist sie zufrieden? Theoretisch ja, praktisch nein. „Ich war trotz allem frustriert und unterfordert. Allein der Blick auf meine Gehaltsabrechnung ließ in mir die Frage aufkommen: ‚Und das soll jetzt nach meinem harten Studium alles gewesen sein?' Irgendwie fühlte sich der Alltag immer noch grau an. Dazu die Gewissheit, dass ich zwar klug studiert hatte, aber mit vertraglich 24 Tagen Urlaub sich die Welt nicht erobern ließ. Die paar freien Tage reichten doch nicht aus. Da lohnte sich ja fast das Koffer packen nicht", gesteht die nordische Frohnatur und rief innerlich einen bei TV-Dschungelcampern berühmten Satz für sich passend und zutreffend abgewandelt: „Ich bin frustriert und will hier raus!"

Die einen geben auf, die anderen ändern etwas. Anna Herbst tat Letzteres und handelte. Nur wenig später nämlich waren dann tatsächlich die Koffer gepackt. Auf zu neuen Ufern! Es sollte nach Medellín im südamerikanischen Kolumbien gehen. Nicht unbedingt gleich bei jedermann das naheliegendste Ziel, wenn es um einen Ortswechsel geht. Aber die Umstände machten es damals gerade für sie möglich. Und so fiel die Entscheidung eben auf die 2,5 Millionen Einwohner große kolumbianische Stadt Medellín. Ankommen, einleben … und plötzlich taucht trotzdem nach nicht allzu langer Zeit wieder das altbekannte Gefühl auf: Da muss doch noch mehr sein! Die Lebensgrundlage war zwar gesichert, weil sie für ihren bisherigen deutschen Arbeitgeber von Kolumbien aus weiter als Übersetzerin online tätig war, aber der anfangs aufregende Tapetenwechsel verblasste in seiner Wirkung zunehmend. „Ja, es war eine nette Zwischenstation, aber ich wusste sehr schnell, dass es nicht das Ende meiner Reise sein würde. Also habe ich parallel begonnen, mich nebenberuflich mit diversen Aufgaben selbstständig zu machen. So habe ich langsam meinen Weg ins Online-Marketing bereitet. Network-Marketing aber war bis dahin für mich immer noch überhaupt kein Thema“, offenbart Anna Herbst.

Noch nicht … Was folgte war ein Prozess. Progression! Ohnehin ein Thema, auf das die erfolgshungrige Networkerin anspricht. Für sie ist klar: Fortschritt funktioniert am besten ohne Perfektion. Manchmal ist gut eben auch gut genug. Eine mutige These, aber da ist was dran. Sie fasst das in einem ganz eigenen Slogan zusammen: „Progression over perfection“ – rumms, die Aussage hat es in sich. Doch Anna Herbst kann es erklären: „Wer nach Perfektion strebt, der bleibt meist in der Theorie hängen und kommt nicht ins aktive Tun. Und das ist im Network-Marketing ein Fehler. Viel wichtiger ist es, beim Tun dazuzulernen. So bildet man sich fort, formt seine Persönlichkeit und wird parallel immer besser. Vielleicht ist das Ergebnis am Ende nicht perfekt, na und? Aber es ist ein Ergebnis, eines, auf das sich aufbauen lässt. Darauf kommt es an. Also lieber starten als warten“, erläutert die smarte Networkerin clever.

Doch was war mit ihrem eigenen „Progress“? Der war voll im Gang – denn all ihr Tun, ihr ganzes Engagement öffnete ihr die Augen für die wahre Lösung – für sie zugleich eine Erlösung. Denn nur ortsunabhängig zu sein, das ist und war gut und schön. Genügte ihr aber nicht. Was wirklich für Anna Herbst Bedeutung hatte, war die Erkenntnis, neben geografischer Freiheit zu wissen: „Wenn ich so weiterackere, dann bin ich mitten in der Selbst-und-Ständig-Falle drin. Das bedeutet: Wenn ich Urlaub mache, tut dies mein Einkommen leider auch. Diese Gewissheit war niederschmetternd. Die Lösung war beinahe offensichtlich: Ich wollte passiv Geld verdienen, um endlich frei sein zu können. Also musste ich endlich meine eigene Chefin werden und über mich selbst bestimmen können. Nur das allein ist für mich wahre Freiheit, die sich auch nach Freiheit anfühlt. Warum? Weil es eben Freiheit ist. Und es sollte zudem nur auf meine Leistung ankommen."

Wer Anna Herbst einmal erlebt hat, der wird ahnen, was nun kommt: keine langen Überlegungen, sondern einfach machen. Action! Und das heißt: Sie gründete von Kolumbien aus ihre erste Online-Unternehmung. SEO, Funnel bauen, Copywriting ... alles, was das klassische Online-Marketing-Business an Aufgaben so mit sich bringt. „Hört sich alles sehr tough an, aber ich gebe es ganz offen zu: Mir klopfte das Herz damals bis zum Hals hoch und ich hatte unfassbare Angst, dass mein Vorhaben scheitern könnte. Zweifel waren meine ständigen Begleiter", gesteht die energiegeladene Network-Unternehmerin offen ein.

EIN BUSINESSSYSTEM, DAS SICH KOMPLETT MIT MEINEN VORSTELLUNGEN DECKT

Ein Kontakt über Social Media bringt dann aber die alles entscheidende Wende. „Ich bin zwar schon früher mit Network-Marketing in Berührung gekommen, habe aber das Business nie für mich gesehen. Allein, weil ich dachte, dass ich dadurch Influencerin werden müsste und irgendwelche obskuren Creme-Partys zu veranstalten habe. Das wäre nun wirklich nicht mein Ding gewesen. Diesmal aber war es anders. Ich hörte zu, hörte genau hin und beschäftigte mich mit dem System. Hoppla, das war es doch! Ein Geschäftsmodell, bei dem mir jetzt erst klar wurde, dass dieses Business alle meine Interessen, alle meine Sehnsüchte auf einen Schlag verbindet. Dieses einzigartige System ermöglichte es mir, online zu arbeiten, ich kann reisen, bin meine eigene Chefin. Und ich werde Teil von einem Business, zu dem es eine perfekte und zigmal erprobte Anleitung gibt. Quasi ‚Unternehmertum mit Stützrädern'. Man muss es einfach nur nachmachen, alles andere ist vorhanden – das war mein persönlicher Volltreffer und gefühlt der pure Wahnsinn", freut sich die erfolgreiche Jeunesse-Durchstarterin und fügt hinzu: „Darüber hinaus war die Investition für den Start wirklich gering. Und die vielen kostenlosen Coachings und Trainings lebenslang im Network sind on top das Sahnehäubchen. Das alles in Summe machte mir klar: So etwas gibt es nicht ein zweites Mal. All diese Erkenntnisse waren mein gefühltes Startsignal."

Wohl auch, weil der Moment damals mehr als passend war und sie sich als Mensch vom Network-System perfekt abgeholt fühlte. „Mir wurde immer bewusster, dass ich hier plötzlich wirklich die Möglichkeit hatte, mir ein Leben aufbauen zu können, wie ich es mir im Grunde sehnlichst erträumt hatte. Nur, dass nun die konkrete Gelegenheit direkt vor meinen Füßen lag, ich mich nur bücken und mein Glück aufheben musste, um aus meinen Träumen jetzt auch Realität werden zu lassen. Denn es war für mich geradezu faszinierend, dass ich von jedem Ort aus mit Jeunesse mein Business betreiben kann. Es funktioniert überall. Gigantisch!"

Es sind aber noch andere typische Network-Marketing-Reize, die ihre ganz eigene Faszination auf Anna Herbst ausstrahlten. „Die freie Einteilung der eigenen Zeit, ist etwas Kostbares. Wo sonst, als in unserem Network-Geschäft, ist das möglich? Und für mich war und ist das enorm wichtig. Ebenso die Vorstellung, dass ich mich hier zu einer Persönlichkeit entwickeln kann, die wiederum ein Magnet für andere Menschen wird. Das hat mich in den Bann gezogen. Wie toll ist das denn? Die Gewissheit, ein fantastisches Umfeld für andere Menschen kreieren zu dürfen, die gleichfalls noch mehr aus ihrem Leben machen wollen. Frauen und Männer, die bereit sind, andere Wege zu gehen und die dabei eben nicht allein sind. Das begeistert mich. Das hat es mir zugleich ermöglicht, Partnerstrukturen in Italien, Spanien, Dubai und Mexiko zu führen, die ich in den letzten Monaten aufgebaut habe", betont Anna Herbst geradezu selig.

Das Bewusstsein, dass alle Menschen nur ein Leben zur Verfügung haben, ist auf eine gewisse Art auch die Verpflichtung, dieses Leben zu genießen. Und zwar indem man nicht für ein System arbeitet, sondern umgekehrt das System für sich arbeiten lässt. Hier müssen nicht Menschen ein Business aufbauen, sondern man nutzt das Business, um Menschen aufzubauen. „Voraussetzung ist immer, dass die andere Person etwas verändern will, nur oftmals nicht weiß, wie. Genau dann habe ich eventuell den passenden Ausweg aus dieser Zwickmühle und biete mich als Mentorin an. Als jemanden, der die andere Person nicht alleine lässt, sondern sie führt und begleitet. Einzige Bedingung – sie oder er muss von sich aus wollen. Denn ich zwinge niemanden zum Glück", macht die Senkrechtstarterin im Network-Business deutlich.

INS NETWORK GEKOMMEN, UM ZU BLEIBEN

„Man stelle sich einmal folgendes Erlebnis vor: Ich kam gerade nach zwei Jahren aus Kolumbien nach Deutschland zurück. Hatte dort meine ersten kleinen Schritte und Network-Aktivitäten getan. Aber bis dato hatte ich noch niemanden persönlich aus meiner Company kennengelernt – von dem einen oder anderen Video-Call einmal abgesehen. Kaum war ich in Hamburg gelandet und in einer Wohnung zur Zwischenmiete eingezogen, erhielt ich einen Anruf von zwei meiner engsten Mentorinnen, die mich fragten, ob ich nicht für ein paar Monate mit nach Dubai kommen wolle. Sensationell, oder? Was tat ich? Ich habe die untervermietete Wohnung

noch ein weiteres Mal untervermietet, Koffer gepackt und kurze Zeit später sind wir zusammen nach Dubai geflogen. Und dies, obwohl wir uns persönlich gar nicht richtig kannten. Ich durfte dabei sein, nur weil ich gezeigt hatte, dass ich will! Ich will lernen, will verstehen, will etwas Großes aufbauen. Ich bin nämlich ins Network-Geschäft gekommen, um zu bleiben. Das ist für mich kein Spiel. Und genau das haben meine beiden engsten Führungskräfte deutlich gespürt und mir daher in kürzester Zeit beigebracht, wie das Business funktioniert. Pures, hautnahes ‚Modelling of excellence in realtime', quasi ein Intensiv-Crashkurs der allerbesten Art", schwärmt Anna Herbst.

Ihr Wille, ihre Lust auf Chancennutzung, aber auch dieses besagte Intensiv-Coaching, bei dem sie von den Besten ihrer Company lernen durfte, machte es in der Summe möglich, dass sie in nur rund acht Monaten mit extrem soliden Ergebnissen in die mittlere Führungsebene vordringen konnte. Kein Glücksschuss, kein Zufall, sondern das Ergebnis von trainierter und angearbeiteter Fähigkeiten: Kennen, Können, Kompetenz!

„Anfangs konnte ich mein Glück gar nicht fassen, konnte die neue Situation, in der ich mich befand, wirklich nicht mental realisieren. Aber uns alle hat es so gepackt, weil wir im positiven Flow waren, dass wir uns wie im Rausch die Frage stellten: ‚Kann jemand ohne echte Vorerfahrung im Network-Marketing in acht Wochen 10.000 US-Dollar verdienen?' Gedacht, gemacht! Schon haben wir zusammen einen Plan ausgearbeitet, und

an den habe ich mich eins zu eins gehalten. Es war ein absolut krasser Entwicklungsprozess. Aber wir haben das scheinbar Unmögliche möglich gemacht. Für mich war es der beste Beweis, dass dieses Business funktioniert. Denn dabei habe ich realisiert, wie unlimitiert Network-Marketing wirklich ist. Immer unter der Voraussetzung, mit den richtigen Menschen zusammenzuarbeiten. Seitdem helfe ich auch allen anderen in meiner Organisation, Extra-Promos und Extra-Cash mitzunehmen, weil ich hautnah erlebt habe, wie es geht und mein Fahrplan funktioniert", berichtet die extrem erfolgreiche Networkerin, die offen eingesteht, dass ihr gerade zu Beginn große Zweifel kamen. Besonders, wenn sie mit dem nächsten Nein konfrontiert wurde. „Ich habe aber gerade in diesen Situationen gemerkt sowie erlebt, wie wichtig es ist, dranzubleiben. Denn das nächste Ja kommt bestimmt. Es ist immer nur eine Frage der Zeit. Und mit jedem Ja steigt dann wieder die Stimmung, die Motivation. Je komprimierter der Zeitraum ist, den man randvoll mit Terminen und Gesprächen anfüllt, desto schneller kommt das nächste Ja und damit das nächste Erfolgserlebnis. Für mich ein wirklich großartiges Learning", bekennt sie.

Online findet, Offline bindet – ein Motto, das Anna Herbst lebt und vorlebt. Sie vereint dabei das jeweils Beste aus beiden Welten. Indem sie ihre Online-Skills beim Sponsern, beim Onboarden aber ebenso während der Zeit der Ausbildung aktiv einsetzt. Auch, weil sie die Vorteile von automatisierter und damit einheitlicher, immer gleicher Prozesse nutzt. „Online ist effektiv und effizient und somit ein perfektes Tool", erläutert sie und weist auf den Nutzen z. B. von Zoom-Calls oder Webinaren hin, die vor allem auch temporär flexibel eingesetzt werden können. Auf der anderen Seite bringt sie den menschlichen Faktor, der dem Network-Marketing stets als wichtiges Charakteristikum zugeschrieben wird, mit ein.

„Wie und wo ich kann, treffe ich meine Partnerinnen und Partner auch persönlich, eben weil Network-Marketing ein menschenbezogenes Business ist. Das ist der Klebstoff für unser Team. Wir bauen online auf und finden dann an diversen Orten offline zusammen. Sagenhaft, was da für eine Energie freigesetzt wird", berichtet Anna Herbst, die vor allem eines erkannt hat: Das Wort „Network" besteht nicht nur aus „Net", sondern mit einem Buchstaben mehr aus „Work". Arbeit, das ist es, was für sie an erster Stelle steht. So aufregend und chancenreich das Business auch ist, so ist es eben primär vor allem konsequente Arbeit – und die nimmt die angehende Spitzen-Networkerin mit vielen einkommens-bezogenen Aktivitäten verdammt ernst. Das ist „Progression" im Tun und „Profession" im Sein. Oder auf den Punkt gebracht: Das ist Anna Herbst!

ANNA HERBST –
spontan gefragt, spontan gesagt

● **Mir ist Erfolg wichtiger als ...**
„... die bequeme Komfortzone!"

● **Freiheit bedeutet für mich, ...**
„... das zu tun, was ich will, mit wem ich will, wann ich will
und wo ich will!"

● **Manchmal möchte ich lieber ...**
„... die Menschen schütteln und sie fragen, worauf sie
denn noch warten wollen, um endlich etwas zu verändern!"

● **Mein liebster Fehler an mir ist, ...**
„... dass manchmal zu sehr mein Kopf statt mein Herz spricht!"

● **Ich langweile mich, wenn ...**
„... ich zu sehr mit Normalität und Banalität konfrontiert werde!"

● **Network-Marketing ist ein modernes Business, weil ...**
„... es immer mit der Zeit geht und jeder sein Geschäft
jederzeit relaunchen kann!"

● **Mein wichtigster Rat an alle Networker lautet, ...**
„... umgib dich nur mit Menschen, die wirklich da sind, wo du
hin willst und beachte, wen und was du in deine Gedanken lässt!"

VIBECKE STEINSVIK PARR

ZINZINO

NETWORK-MARKETING WAR DER AUSWEG IN DIE FREIHEIT – FÜR MICH UND MEINE FAMILIE

Edel sei der Mensch, hilfreich und gut! Kein Geringerer als Johann Wolfgang von Goethe hat einst diese weisen Worte erdacht. Wenn der deutsche „Dichterfürst" auch nur im Ansatz recht hat, dann ist Vibecke Parr gleich alles zusammen – nämlich edel und gut, eben weil ihr Lebensleitmotiv seit jeher die Hilfe für andere ist. Also ist sie auch hilfreich. Keine Angst, sie wird nicht von einem Heiligenschein „gedrückt" und sieht sich auch nicht als die Mutter Teresa des Network-Marketings. Aber es ist ihr seit Kindesbeinen an halt ein tiefes Bedürfnis, anderen zur Seite zu stehen und zu helfen, wie und wo sie kann. Woher dieses regelrechte Verlangen kommt? Sie selbst vermutet augenzwinkernd, dass sie wohl eine Art „Helfer-Gen" in sich trägt. Mag sein. Und wenn das so ist, umso besser. Menschen wie sie kann es nie genug geben, in einer Welt, wo mehr spitze Ellenbogen regieren, als sanfte Umarmungen. Vielleicht auch ein Grund mehr, warum die weltoffene Norwegerin zu guter Letzt im Network-Marketing-Business eine berufliche Heimat gefunden hat. In einer Branche, wo das Miteinander zählt, wo Teamwork statt Einzelkämpferdasein im Vordergrund steht und wo Leistung mit Lob und Anerkennung vergolten wird, statt mit Neid. War es ihr als kleines Mädchen schon ein Bedürfnis, eine kleine Maus aus den Fängen einer Katze zu retten, entschloss sie sich später als Physiotherapeutin, anderen Menschen beim Erhalt oder bei der Wiedererlangung ihrer Gesundheit tatkräftig zur Seite zu stehen. Durch therapeutische Maßnahmen, aber ebenso durch ihr spürbar positiv strahlendes Charisma. Sie leuchtet, sie lächelt, sie ist voller warmherziger Energie und verbreitet dabei eine Aura, die Vertrauen ebenso versprüht wie Freundlichkeit und ehrliche Verbundenheit. Mit Sicherheit wertvolle Tugenden im alltäglichen Network-Geschäft. Eigenschaften, die ihre Persönlichkeit prägen, mit denen die vierfache Mutter und Ehefrau aber auch ihr Business als erfolgreiche Unternehmerin nachhaltig beeinflusst und mit denen sie ihrem Team sowie auch künftigen Networkerinnen und Networkern Vorbild und Leitfigur ist für ein Leben in tatsächlicher Unabhängigkeit. Eine emanzipierte Freiheit mit all ihren Facetten und Möglichkeiten, die nur das modernste Business unserer Zeit zu bieten vermag.

Das ist kein bloß dahingesagter Spruch, sondern täglich millionenfach im Network-Marketing erlebt, gelebt und bewiesen. „Andere Mütter müssen morgens aus dem Haus, müssen pünktlich ihren Job bewerkstelligen, vorher schnell noch die Kinder in die Kita bringen, dies und das erledigen und abends auch noch immer gut drauf sein. Wie soll das gehen? Und dazu all die täglichen Sorgen, weil das Geld hinten und vorne nicht reicht. Ich weiß, wovon ich spreche. Ich habe das alles selbst viele Jahre miterlebt und durchlebt. Das ist absoluter Stress. Network-Marketing aber hat mir ein komplett anderes Leben ermöglicht und mir mehr Freiheiten gegeben, als ich es mir früher auch nur annähernd hätte vorstellen und wünschen können. Und dies nicht trotz Business, sondern genau wegen des Business … und weil dann noch Engagement, Leidenschaft und ein bisschen kluges Zeitmanagement dazukamen, kann ich heute vieles in einem sein: Mutter, Ehefrau und erfolgreiche Network-Unternehmerin zugleich. Und zwar mit Leib und Seele. Weil mein Geschäft mir absolute Flexibilität erlaubt, wie es wohl in keiner anderen Branche auch nur annähernd möglich ist. Hier kann ich aktiv sein, wo ich will, wann ich will und so viel ich will. Niemand steht hinter mir und sagt mir, was ich wie, wo und wann zu tun habe. Ich allein entscheide, ob ich mir jetzt Zeit nehme für meine Kinder oder für meinen Ehemann. Und niemand schreibt mir vor, wie lange ich in den Urlaub fahre. Freiheit bietet das Geschäft aber nicht nur auf diese Weise, sondern mindestens im gleichen Maß in Bezug auf die persönlichen Finanzen. Es ist einfach schön, wenn Geld da und das Konto immer gefüllt ist. Durch mein verdientes Einkommen im Network habe ich Freiheiten genießen dürfen, die für mich ebenso wie eine Befreiung wirken und sich auch so anfühlen. Musste ich früher jede Norwegische Krone, so heißt unsere Währung, umdrehen und mich entscheiden, welche Rechnung ich jetzt gerade mal zahlen kann, so sind diese Engpass-Zeiten endlich vorbei. Und das hat nicht nur mich, sondern meine ganze Familie aufatmen lassen – und somit befreit. Die Waschmaschine kann kaputtgehen, na und? Dann wird eben der Monteur bestellt oder eine neue gekauft, denn wir können es uns endlich leisten. Früher sprang unser altes Auto im Winter bei Schnee nicht an. Und, nebenbei bemerkt, in Norwegen herrscht lange Winter und fällt viel Schnee. Heute ist so ein Auto-Ärgernis überhaupt kein Problem mehr. Wir können uns jederzeit ein neues kaufen. Network-Marketing sei Dank! Wir können seitdem schöner verreisen und wegen mir sogar zehn Wochen auf Mauritius verbringen. Ja, das haben wir auch gemacht. Es war ein Traum und wir haben ihn erlebt. Und das nur aus einem einzigen Grund: Weil wir es jetzt konnten! Dieses Geschäft kann wirklich eine Erlösung sein“, schwärmt Vibecke Parr über ihre Branche und ihr Geschäft.

Und das hat seinen Grund. Denn alles, was sie sagt, hat sie selbst erlebt und jedes Wort fühlt sie dabei hautnah. Doch so schön es auch klingen mag, wenn sie heute von ihrem Leben begeistert ist, aber der Weg dahin war nicht einfach. Das gehört zur Wahrheit dazu. Die charmante Norwegerin weiß das nur zu gut. Doch es ist machbar! Das allein zählt. Man kann es schaffen. Und weil das so ist, hat sie ein überaus wertvolles, wichtiges Ziel, eins, dass ihr ein Herzensanliegen ist: „Ich möchte in meiner Karriere eine Million Menschen in die gesundheitliche Balance bringen. Das ist meine Vision, die mich antreibt. Dabei ist es keine Frage, ob ich das schaffe, sondern lediglich eine Frage der Zeit. Zeit ist immer der entscheidende Faktor. Und diese Zeit muss für Wahrheiten genutzt werden. Denn die setzt sich immer durch. Fake hat bei mir eh keine Chance. Und die Wahrheit ist, dass ich nichts zu verbergen habe – weder bei meiner Performance noch in meiner Karriere, bei meinen Partnern oder vor Kunden, und das Gleiche gilt auch für meine Company und all das, was sie zu bieten hat", betont die Überzeugungstäterin, die alles, wofür sie steht, mit Herzblut und Leidenschaft sagt, macht und tut. Weil sie heute eine brennende Bot-

schafterin für Gesundheit ist, während sie hingegen den Einstieg in die Network-Marketing-Branche aus eher monetären Gründen fand …

Alles begann für die heutige Zinzino-Erfolgs-Partnerin auf einer klitzekleinen Insel weit, weit im rauen Westen Norwegens. Hier herrscht Natur pur mit all den faszinierenden Schönheiten und beeindruckenden Urgewalten. „Das nächste Festland im Westen wäre Kanada und dazwischen liegen nur noch die Färöer-Inseln und höchstens noch die südlichste Spitze Grönlands", lacht die blond gelockte Norwegerin, die auf total sympathische Weise dem allgemein gängigen Klischee einer Frau aus dem hohen Norden irgendwie komplett entspricht. Man kann den Ort ihrer Kindheit und Jugend wohl auch so beschreiben: wunderschön, idyllisch, aber leider auch ziemlich einsam und langweilig. Grund genug für sie, nach dem Abitur in die nächstgrößere Stadt zu ziehen. Sie lässt sich zur Physiotherapeutin ausbilden – genau, weil sie eben helfen will und das Thema Gesundheit bei ihr ohnehin auf großes Interesse stößt. Um ihren Horizont noch mehr zu erweitern, beschließt sie 1991 nach Berlin zu ziehen. „Für meinen Beruf stand Deutschland in meiner Heimat hoch im Kurs und genoss höchstes Ansehen. Außerdem war ich neugierig auf das Abenteuer, auf die neue Kultur, auf die neue Sprache und auf die Menschen", erklärt sie – und das in einem nahezu perfekten Deutsch mit einer wirklich liebreizenden, sanft norwegischen Klangfarbe. Großartig! Doch das Berlin nach dem Mauerfall ist alles andere als einfach. Es ist eine in den Köpfen der dort lebenden Menschen mental, emotional immer noch in West und Ost geteilte Stadt – auch ohne Mauer. Ein Umstand, der auch im zwischenmenschlichen Miteinander immer wieder spürbar war – und die aufgeschlossene Norwegerin bekommt es hier und da auch mit. Nicht einfach, keine idealen Umstände. Dennoch beißt sie sich an der Klinik, wo sie praktiziert, durch, bis sie zu guter Letzt dann doch noch in die lupenreine Idylle zieht: an die Ufer des schönen Chiemsees im Herzen Bayerns. Gute viereinhalb Jahre verbringt sie schließlich insgesamt in Deutschland, bis es sie in ihre nordische Heimat zurückzieht, wo sie weiter in ihrem physiotherapeutischen Beruf arbeitet, ihren Ehemann kennen und lieben lernt und schließlich heiratet. Drei Kinder in drei Jahren kommen zur Welt, aber die an sich glückliche Mutter spürt auch alle Härten des Alltags. Statt für einen Monat genügt das Geld meist nur für zwei Wochen. „Es reichte hinten und vorn nicht. Und das nervte. Es musste sich etwas ändern. So konnte es doch nicht ewig weitergehen. Was konnte man nur tun? Mein Mann und ich zerbrachen uns die Köpfe. Bis ein Kollege meines Mannes anrief und ihm eine Lösung anbot: ein neuartiges Geschäft, bei dem man angeblich etwas Geld nebenher bei einem US-Unternehmen, das neu nach Norwegen kommen sollte, verdienen könnte. Er lud zwar meinen Mann zu einem entsprechenden Event ein, aber der schickte mich lieber vor. ‚Meine Frau ist immer für etwas Neues aufgeschlossen', lachte er. Und so kam es, dass ich plötzlich ein Geschäft kennenlernte, ohne die wirklichen Geschäftschancen dahinter auch nur annähernd zu verstehen. Für mich war das auf den ersten Blick vielmehr eine Art Hobby, das einfach nur Spaß machte. Vielleicht auch, weil die Produkte so 'typisch Frau' waren. Weil sich nämlich alles rund um das Thema Kosmetik drehte. Ich habe nach der Präsentation einfach meine Freundinnen nach Hause eingeladen, um Cremes, Masken und Schminke auszuprobieren, mehr nicht. Halt das, was Frauen gerne tun. Wie gesagt, es war vor allem Spaß, pures Vergnügen", berichtet die heute in vielen Ländern Europas erfolgreiche Gesundheits-Networkerin, die gerade auch in England erste Expansionserfolge feiern darf.

ICH BESTIMME, WO ICH IM LEBEN HIN WILL
UND WAS ICH AUS MEINEM LEBEN MACHE

Aus Spaß wird wenig später Ernst in Bezug auf das Business. Bei einer Freundin, die als Personal Coach arbeitet, will sich die bis dahin dreifache Mutter figurtechnisch wieder mit Training in Form bringen. Beide kennen sich aus den Zeiten der ersten Schwangerschaft vom entsprechenden Kurs her. Doch statt anstrengender Sportübungen empfiehlt die Fitnesstrainerin ihrer Freundin etwas ganz anderes: Präparate aus dem Bereich Nahrungsergänzung eines anderen Network-Unternehmens. „Damit kommt die Energie und Ausdauer zurück!", versprach sie ihrer Freundin. Probiert, für gut befunden, eingeschrieben. So schnell kann es gehen, jedenfalls damals bei Vibecke Parr. Sie wechselt die Company, das Produktportfolio und fängt zudem an, sich mehr und mehr auch für den Background und das dahinterstehende Geschäftsmodell zu interessieren. Maßgeblich für diesen Impuls ist der Speaker auf einem Event. „Er machte mir mit seinen Worten klar, wie sehr es darauf ankommt, auch einmal an sich und die eigene Zukunft, die eigene Karriere und an das eigene Glück zu denken. Denn er fragte von der Bühne herab: ‚Wo willst du hin? Wo wirst du in zwei, fünf oder zehn Jahren mit deinem Leben sein? Was willst du mit deinem Leben anfangen? Was sind deine Ziele im Leben? Hast du überhaupt welche? Welche Wünsche und Träume hast du?' Diese Fragen hatte ich mir vorher noch nie gestellt. Plötzlich hat es klick in meinem Kopf gemacht und ich habe von diesem Moment an erst wirklich verstanden, welche ungeheuren Chancen in diesem Business stecken. Mir wurden regelrecht die Augen geöffnet. Ich habe erkannt, dass ich es im Grunde genommen selbst bestimme, wie mein Leben aussieht. Ich allein kann entscheiden, was ich will, was ich mit meinem Leben machen möchte. Diese neu gewonnene Einsicht habe ich meiner damaligen Lebenssituation gegenübergestellt. Wie vor einen Spiegel. Und mir wurde plötzlich bewusst, was eben alles nicht in meinem Leben funktionierte und was mich alles unzufrieden machte. Aber mit Network-Marketing sah ich auch einen Ausweg, eine Lösung für meine Probleme. Mir wurde klar, dass ich mich mit meiner Situation nicht abfinden muss, sondern dass mein Leben und das meiner geliebten Familie eben doch anders aussehen könnte. Glücklicher, zufriedener, erfüllender. Also habe ich mich von diesem Zeitpunkt an stärker auf den Kern des Geschäfts, auf das System und all seine Vorteile fokussiert und konzentriert …", resümiert die so herzerfrischend ehrliche Networkerin.

Doch der theoretische Vorsatz, etwas Praktisches tun zu wollen, reicht meist nicht aus, wenn insbesondere die nötigen Werkzeuge fehlen. Es ist, als ob ein Maler sein neues Bild im Kopf hat, ihm aber die Farben fehlen und er zudem nicht weiß, wie er sie mischen soll. So kann es mit einem Bild nichts werden. Ähnlich sah es bei Vibecke Parr aus. Ihr Selbstbewusstsein lag damals gefühlt im Minusbereich. Ständig kreisten ihre Gedanken um ihre Ist-Situation und sie fragte sich: „Wer will denn schon ein Business mit einer Frau, mit einer mehrfachen Mutter machen, die nichts zu bieten hat und keinerlei Ergebnisse vorzuweisen hat?" Hinzu kam eine echte Telefonangst. Panik vor dem Anruf! „Es war wie eine Schranke im Kopf. Nummer wählen und ... nein, ich konnte einfach nicht den Knopf für die Verbindung drücken. Es war wie verhext. Zu groß war meine Angst davor, was die anderen wohl sagen würden und überhaupt, was sollte ich antworten, wenn man mich etwas fragen würde? Je länger ich darüber nachdachte, desto mehr hatte ich Scheu davor, den Hörer in die Hand zu nehmen. Was nützten mir da meine Kontaktlisten? Immerhin hatte ich eine große Liste mit Namen vollgeschrieben – nur anrufen wollte ich sie nicht, selbst wenn ich die eine oder den anderen schon lange und gut kannte. Dabei hatte ich mir sogar Sätze vornotiert, die ich aufsagen wollte. Ich war eigentlich bestens präpariert. Mit den Zetteln in der Hand bin ich wie ein Raubtier auf und ab durch das Haus getigert. Komplett nervös, schweißnass. Bis mein Mann mir eine Ansage machte und mich vor die Entscheidung stellte: ‚Wenn du jetzt nicht anfängst anzurufen, dann hörst du besser auf mit dem Geschäft. Ich kann das nicht mitansehen, wie du dich quälst', sagte er. Das war wohl der Impuls, der letzte nötige Kick, den ich brauchte. Ich nahm allen Mut zusammen, sperrte mich daraufhin ins

Badezimmer ein, um völlig allein und ungestört zu sein und habe mich überwunden. Einmal, zweimal, dreimal ... ich fing mit meinen Telefonaten an. Und ja, ich gebe es auch heute noch zu – es war grauenhaft für mich. Anfangs! Aber am Ende hatte sich all der Nervenkitzel, all die Aufregung gelohnt, denn ich hatte tatsächlich ein paar Termine bekommen und vereinbaren können.

Immerhin, das war doch schon mal ein Teilerfolg für mich ", berichtet die heutige Profi-Networkerin von ihren ersten Gehversuchen und minimalen Erfolgen, in dem für sie damals neuen und nervenaufreibenden Business.

Ein kleiner Start mit großer Überwindung, aus dem ganz langsam aber sicher mehr wurde. Denn sie ging behutsam vor, übte sich selbst in Geduld und perfektionierte ihre anfangs doch eher spärlich vorhandenen Network-Skills mit der Zeit zunehmend. Langsam aber solide. „Ja, all die Mühe hat sich mehr als gelohnt. Es war wirklich ein echter Sieg für mich, ein unbeschreiblich erlösendes Glücksgefühl, als ich endlich den ersten Kita-Platz ohne Geldsorgen bezahlen konnte. Dann den zweiten, dann den dritten. Und das war erst der Anfang. Auf einmal war es möglich, dass wir uns von so manchen finanziellen Sorgen verabschieden konnten und endlich befreit aufatmen durften. Ein neues Auto, die Raten für das Haus … all das war auf einmal mit meinem Network-Marketing-Business kein Problem mehr. Wie erlösend war das denn? Selbst als wir unser viertes Kind bekamen, funktionierte mein Geschäft ja immer noch weiter. Mehr noch, ich konnte sogar zu Hause bleiben und mich um meine nun vier tollen Kinder kümmern. Das war, was ich unter Freiheit verstand. Nämlich morgens aufzustehen und sich eben keine Sorgen machen zu müssen, oder gleich nach dem Aufwachen schon die erste Sorge des Tages im Kopf zu haben, sondern befreit tief aufatmen zu dürfen und den Tag als einen echten Freund zu begrüßen. Einfach wunderbar …", beschreibt Vibecke Parr ihr damaliges Lebensgefühl. Eines, das deutlich macht, was im Leben machbar ist, wenn man seine Umstände akzeptiert, zur Lösung der Herausforderungen bereit ist und dann in den Aktivmodus schaltet und entsprechend lösungsorientiert handelt. Denn eins steht fest: Durch Jammern und Klagen hat sich noch nie etwas verändert. Ohne Tun kein Ruhm!

Elf Jahre investierte sie in ihre Karriere und in ihre damalige Partner-Company. Und als ein treuer, loyaler Mensch wäre sie auch niemals auf die Idee gekommen, das Unternehmen zu verlassen. Warum auch, wenn doch alles gut läuft? Aber genau das tat es plötzlich nicht mehr. Aus rein firmenpolitischen Ursachen, die wiederum auch das Business der Partnerinnen und Partner von Vibecke Parr beeinträchtigten und sogar schädigten. Die Wege mussten sich daher trennen. Das wurde ihr mit der Zeit immer klarer. Die umtriebige Norwegerin stieg aus, und in die konventionelle Arbeitswelt wieder ein. Und dies als Managerin eines großen Health-Unternehmens, das sich primär um die gesundheitliche Vorsorge von Menschen kümmerte. Job stimmte, Einkommen stimmte, die hohe Position stimmte ebenso. Nein, Vibecke Parr war fortan wirklich nicht auf der Suche. Doch es läuft nicht immer so, wie man denkt – manchmal läuft es sogar noch besser. Auch wenn das im ersten Moment vielleicht nicht gleich offensichtlich ist.

EIN GESÜNDERES UND BESSERES LEBEN FÜHREN – DIE MOTIVATION FÜR IHREN NETWORK-NEUSTART

Ein entscheidender Impuls wird gesetzt, als sie im Februar 2015 durch den Kontakt von ehemaligen Network-Kollegen den Gründer ihres heutigen Partner-Unternehmens trifft: den Norweger Finn Ørjan, Gründer von Zinzino. „Ich war extrem skeptisch, wollte zuerst auch gar nicht zu dem Treffen. Auch, weil ich wusste, wie hart es sein und werden würde, wenn ich doch noch einmal neu starten würde. Aber ich muss zugeben: Der Gesundheitstest unserer Company, der hat mich erst überzeugt und dann auch begeistert. Einerseits war ich mitten im Gesundheitswesen, also dem Themenfeld, auf dem ich mich auskenne, tätig. Zum anderen sah ich die Chancen, das Leben anderer Menschen nicht nur zu ändern, sondern effizient und präventiv zu verbessern, sodass sie am Ende ein viel besseres und gesünderes Leben führen konnten. Das hat mich wirklich gereizt und motiviert, weil es halt meine Leidenschaft ist. Es war für mich die reinste

Inspiration, ein unglaublich starker Motor, doch noch einmal an den Network-Start zu gehen", schwärmt die Gesundheits-Networkerin.

Und ihre therapeutische Botschaft kommt bei anderen an. Sie spricht über ihre Mission, über ihr Angebot, über die Produkte aus voller Überzeugung und mit viel Leidenschaft. Man hört ihr nicht nur zu, nein, man schließt sich ihr an, und in nur einem Monat kann sie schon wieder voller Glück und Stolz auf ein stattliches Team blicken. Denn: Bei dieser Mission wollen auch andere „Part of the Game" sein und sich der Gesundheitsthematik mit den entsprechenden Lösungsansätzen widmen. Kurzum: Vibecke Parr hat alles richtig gemacht, die Chance erkannt und zugepackt. So richtig, dass sie und ihre Mannschaft schon im ersten Monat eine hohe Karrierestufe erreichten – auf einen Schlag. Und nur in Norwegen! Doch in ihr rumort es: Was in Norwegen klappt, müsste doch erst recht in Deutschland funktionieren. Sie plant, recherchiert, erarbeitet Strategien und sie reist. Nach über 20 Jahren ist sie wieder dort, wo sie einst Menschen, Kultur und Sprache live für sich neu erlebt hat: mitten in Deutschland, und zwar als Erste ihrer Company. Mit aufgefrischten Sprachkenntnissen legt die norwegische Network-Pionierin los – alte Kontakte bestehen noch, auch wenn diese wieder etwas „revitalisiert" werden müssen. Gute sechs Monate investiert sie in das „deutsche Vorhaben". Vereinbart Termine, reist mit einem Koffer voller Produkte nach Deutschland, immer wieder, dabei erlebt sie Absagen, Niederlagen, aber aufgeben ist für sie keine Option. Zu groß ist der Glaube daran, dass es funktionieren wird. Und tatsächlich, plötzlich wurde die Kraft, die Energie der Expansion im Network-Marketing positiv freigesetzt. Quasi über einen Freund vom Freund eines Freundes …

Ihr Einsatz zahlt sich aus. Nur drei Jahre später hat es Vibecke Parr im Network wieder geschafft. Weil sie unbeirrt ihren Weg verfolgte, sich von keinem Nein davon abbringen ließ oder von Teammitgliedern, die doch aufgaben. „Um sie habe ich gekämpft, manchmal zu lange. Das hat Zeit gekostet, manchmal zu viel Zeit und Energie. Heute weiß ich: ‚Neue Menschen lösen alte Probleme!' Ein guter Slogan, aber trotzdem halte ich Kontakt zu allen anderen, die ausgestiegen sind und sich einem neuen Ziel widmen. Warum auch nicht? Nur, weil es heute nicht für sie die passende Lösung war, kann es Network ja trotzdem morgen sein. Wer weiß?", fragt sie zu recht. Noch eine kluge Erkenntnis mehr, warum sie nach rund 36 Monaten wieder auf einem Einkommenslevel angekommen war, der identisch mit ihrem damals immer noch parallel laufenden Management-Job liegt. Erreicht hat sie dies aber vor allem mit konsequenter, enger Arbeitstaktung. Denn sie nutzt jede sich bietende und freie Viertelstunde im Hauptjob, um für ihr Network-Engagement tätig zu sein – macht Kontakte, Verabredungen, vereinbart Treffen mit Aspiranten in der Mittagspause und wächst über diesen Weg permanent weiter. Zeit für eine Entscheidung! Management oder Network-Marketing? Ihr Entschluss ist eindeutig: Network total! „Ja, das war hart und mühsam, aber es hat sich gelohnt. Denn mit einem klaren Fokus, einem klar definierten Ziel, mit Disziplin und ehrlicher Arbeit habe ich es geschafft. Das ist der Weg, den man gehen muss und der auch für alle anderen gangbar ist, wenn man wirklich will. Der Lohn kommt – garantiert. Nach dieser schweren, zeitintensiven Phase, durch die man einfach durch muss, wird es einem die Familie danken, weil dann nämlich auch für sie viel mehr möglich und machbar ist. Erfolg ohne Anstrengung gibt es nicht. Und Erfolg ohne Vision ist ebenso nicht möglich. Davon bin ich überzeugt", sagt sie voller Begeisterung.

Die Freude daran, andere Menschen in Bezug auf ihre Gesundheit zu unterstützen, ihnen so im Leben ein Stück weit Erleichterung zu verschaffen, treibt sie an. Mehr noch – es schenkt ihr Energie, weil das zugleich ihr und all ihren Partnerinnen und Partnern dabei hilft, erheblich mehr Freiheit zu erreichen und genießen zu können. Die gleiche Freiheit die sie selbst heute schon spürt, fühlt und leben kann. Eine Freiheit der eigenen Entscheidungen, der eigenen Art der Lebensgestaltung, eine Freiheit, die einen atmen lässt, die Glücksgefühle vermittelt und die das Leben erst lebenswert macht. Das für alle in ihrem Team zu erreichen, ist ein weiterer Vorsatz und Antrieb, dem sich die sympathische Norwegerin voller Inbrunst hingibt. Denn ihr Team liegt ihr am Herzen. Nicht nur, weil sie anderen gern hilft, vielmehr weil sie wie anfangs erwähnt, nun mal edel, hilfreich und gut ist. So wäre wohl auch Johann Wolfgang von Goethe damals zu seiner Zeit ein besonderer Networker geworden, wer weiß?

VIBECKE PARR –
spontan gefragt, spontan gesagt

● **Mir ist Erfolg wichtiger als …**
„… jemals aufzugeben!"
● **Freiheit bedeutet für mich …**
„… alles!"
● **Manchmal möchte ich lieber …**
„… am Meer sitzen und auf den Sonnenuntergang schauen!"
● **Mein liebster Fehler an mir ist, …**
„… dass ich andere Menschen nie aufgeben kann!"
● **Ich langweile mich, wenn …**
„… ich nichts zu tun hätte. Habe ich aber immer,
daher langweile ich mich niemals!"
● **Network-Marketing bleibt ein modernes Business, weil …**
„… persönliche Empfehlungen, die Vertrauen aufbauen,
erheblich mehr zählen als jede Werbung!"
● **Mein wichtigster Rat an alle Networker lautet, …**
„… glaub an deine Zukunft und hab Vertrauen in dich!"

KATJA SCHREIDER

JEUNESSE unityglobal

FREIHEIT IST, DASS ICH NICHT MEHR MUSS, SONDERN NUR NOCH DARF

Höher, schneller, weiter – die Welt, so scheint es, dreht sich für viele Menschen in modernen Zeiten immer schneller. Zugleich hecheln immer mehr Frauen und Männer ihren Zielen beinahe schon aussichtslos hinterher. Vielleicht auch, weil ihnen ein Plan fehlt. Katja Schreider tickt da ganz anders. Sie ist eine lupenreine Unternehmerin. Eine, die ökonomische Eckdaten lesen kann und dem Erfolg alles unterordnet. Sie hat einen Plan, eine Strategie, und sie hat die entsprechend richtige Blaupause für sich entdeckt. Network-Marketing – ein System, das wohl wie kein anderes zuvor so viele freie, reiche und glückliche Menschen hervorgebracht hat. Eine Businessform, die millionenfach auf der ganzen Welt erprobt, getestet, genutzt und erfolgreich 1:1 angewendet wird, um mehr Erfolg als „normalerweise" üblich, überhaupt erst möglich zu machen. Katja Schreider setzt dabei primär auf den Faktor „Wachstum". Und dies im engsten Zusammenspiel mit Effizienz und Effektivität. Sie analysiert messerscharf, blickt aufs kleinste Detail, um ein Optimum im Resultat zu erreichen. Network-Marketing ist für sie kein Spiel, schon gar kein Glücksspiel. Vielmehr ist es für sie die faszinierende Welt der Zahlen, Daten, Fakten, in der sie sich gerne tummelt. Denn sie weiß: Eine Zahl lügt nicht. Klarheit, Wahrheit, Transparenz – Zahlen sprechen mit ihrem Wert allein für sich. Daher ist sich Katja Schreider jederzeit bewusst, wo sie gerade steht – und ebenso, wo sie hin will. Der Weg ist das Ziel? Nicht nur, es ist die notwendige Konsequenz, die sich eben aus den Daten und Zahlen ergibt. Analysieren, optimieren, initiieren – aus diesem Dreiklang formt sie ihre Wegstrecke hin zum nächsten Top-Ergebnis.

Eine leitende Position im Unternehmen besetzen, Management in der Unternehmensführung – das ist für viele ein erstrebenswertes Berufs- und Karriereziel. Für Katja Schreider war es das auch – ist es aber heutzutage nicht mehr. Denn sie weiß, woran es bei diesen Positionen mangelt: an persönlicher Freiheit! Woher sie das so genau weiß? Weil sie all diese Positionen schon ausgefüllt und durchlebt hat. Genau deshalb ist die ursprünglich gelernte Industriekauffrau auch in ihrem Urteil so sicher, das da lautet: nein danke!

„Ich habe mich in meinem Umfeld genau umgesehen. Gerade als mir zunehmend bewusst wurde, was ich will – und damit auch, was genau ich nicht will. Meine Eltern sind angestellte Ingenieure. Ein schöner Beruf, aber von Freiheit ist da nichts zu spüren. Ich kenne ebenso viele Unternehmer, die sind viel – nur nicht frei. Sie sind von ihrer Belegschaft, ihren Kunden, ihren Bilanzen, ihren Aktionären und anderem absolut abhängig. Und wenn sie noch so viel Geld verdienen, deshalb sind sie noch lange nicht frei", erklärt die smarte Business-Lady, die auf ihrem Weg zum Network-Marketing eine ebenso abwechslungsreiche wie bemerkenswerte Vita im Berufsleben durchlief. Bis sie erkannte, was sie wirklich wollte. Und diese Sehnsucht ist heute für sie leicht zu definieren: „Ich will so sein wie meine zwei Mentoren aus meiner Partner-Company – frei, unabhängig und gesegnet mit einem residualem Einkommen. Bei beiden habe ich auf Anhieb erkannt, dass sie exakt das Leben führen, das ich mir vorstelle. Nämlich meinen Tag so zu gestalten, wie ich es möchte. Und dass dies kein Wunsch bleiben muss, dass ich keinem surrealen Traum hinterherlaufe, dafür sind und waren meine beiden Mentoren leuchtende Beispiele. Endlich hatte ich mit ihnen Menschen gefunden, denen ich nacheifern konnte. Mir wurde klar, dass ich nur exakt das tun, nur das modellieren und kopieren muss, was diese beiden Spitzen-Führungskräfte bei Jeunesse schon getan hatten. Es war eine Frage der Logik, dass ich dann ans gleiche Ziel kommen müsste wie sie. Und genau das habe ich getan. Ich habe schlicht und einfach ein fertiges, erprobtes System angewendet, ohne es zu modifizieren. Fakt ist doch: Wenn ich das Gleiche tue, was meine Mentoren erfolgreich getan haben, wenn ich es immer und immer wieder wiederhole, bis ich die Technik, ja, das gesamte Business regelrecht verinnerlicht habe, muss ich früher oder später die gleichen Ergebnisse vorweisen können wie meine beiden Vorbilder. Genau das ist die Antwort auf die Frage, warum ich heute so überzeugt von Network-Marketing bin: Ich weiß nämlich, dass ich garantiert zu meinem Ziel komme – und wie. Näm-

lich, indem ich nur das nachmache, was sich schon x-fach bewährt hat. Einfacher geht's doch nicht", betont die in Kasachstan geborene Top-Networkerin, die im Alter von zwei Jahren mit ihren Eltern nach Deutschland auswanderte.

Einfacher geht's nicht? Ja, allerdings benötigt man dennoch die eine oder andere Kompetenz und ein paar Skills, um perfekt kopieren zu können. „Sich das Können anderer anzueignen, das ist harte Arbeit. Üben, testen, trainieren, probieren ... immer und immer wieder. Nein, leicht war das nicht. Weil ich viele Qualitäten, die im Network-Marketing wichtig sind, noch nicht besaß. Die musste ich von Grund auf lernen. Verkauf, Kommunikation, Redegewandtheit, Präsentationen, Ansprachen und so vieles mehr – all das habe ich mir angeeignet und dabei immer wieder ganz genau auf jedes noch so kleine Detail bei meinen beiden Mentoren geschaut", resümiert sie heute und gibt gleichzeitig allen Networkern den klugen Ratschlag, das System genauso umzusetzen wie es ist, statt es individuell abzuwandeln und damit zu verändern. „Nuancen können schon darüber entscheiden, ob es funktioniert oder nicht", weiß sie zu berichten.

Was sich bei ihr so logisch konsequent anhört, ist in der Summe aber selbst gemachte Erfahrung. Gegen den Rat der Eltern absolvierte sie eine Lehre zur Industriekauffrau und wurde als einzige in der Firma – auch wegen ihres sehr guten Abschlusses – übernommen. Wenige Jahre später holte sie das Abitur nach, kündigte den sicheren Arbeitsplatz und hielt sich mit einem 400-Euro-Job in der Buchhaltung eines mittelständischen Unternehmens finanziell mehr recht als schlecht über Wasser. Und dennoch steht heute für Katja Schreider fest: „Es war das Beste, was mir passieren konnte." Flache Hierarchien und ein direkter Draht zum Inhaber der Firma eröffneten ihr peu à peu neue Wege. Denn der Chef erkannte schnell, was für einen jungen „Rohdiamanten" er plötzlich in seinen Reihen hatte, den er im höchsten Maß polierte und zum Glänzen brachte. So sehr, dass die aufstrebende Angestellte nach dem parallel absolvierten Abitur schnell mit Geschäftsführungsaufgaben betreut wurde und sich in den Folgejahren erfolgreich profilierte. Eine tolle Chance, die sich ihr da bot – und die sie nutzte. Vor allem, weil sie sich nicht scheute, neu zu denken und junge frische Ideen einzubringen, die sich im Nachhinein als ebenso revolutionär wie erfolgreich erwiesen. Und dennoch geht jede Ära einmal zu Ende – auch diese. Der Grund: ein abgelehnter Urlaubsantrag mit nachfolgender Urlaubssperre. Keine Bosheit oder impertinentes Chefgehabe, sondern weil sich die ambitionierte junge Führungskraft im Lauf der Zeit mit ihrem innovativen Engagement selbst regelrecht unersetzbar gemacht hatte. „Ich war schockiert. Das erste Mal wollte ich etwas Urlaub haben und der wurde mir prompt verwehrt. Da merkte ich erst, wie unfrei ich wirklich war – trotz eines guten Einkommens", erklärt sie. Das Ergebnis: Katja Schreider kündigte, wechselte zur Tochtergesellschaft einer Bank und legte für diese fortan Immobilien-Spezialfonds auf. „Eine interessante Aufgabe. Aber dafür, dass ich mit dreistelligen Millionenbeträgen jonglierte und damit überaus erfolgreich Renditen für institutionelle Anleger erwirtschaftete, war mein Gehalt ziemlich niedrig", gesteht sie offen ein. Und noch etwas erkannte sie in diesem Zusammenhang: Plötzlich waren ihre bisher üblichen monatlichen Ausgaben höher als das ihr gegenüberstehende Einkommen. Für sie eine völlig neue, bisher unbekannte Situation, die ihr Bild vom Angestelltendasein mit sicherem Einkommen ins Wanken brachte.

Network-Marketing ist hingegen ein viel sichereres Geschäft, behauptet Katja Schreider. Mag sein, aber wie kommt sie zu dieser Beurteilung? „Ich wechselte in die Hauptberuflichkeit, als ich feststellte, dass ich mit weniger Arbeit als in meinem damaligen Fonds-Job trotzdem markant mehr verdiente. Faszinierend! Wo kann jemand heute noch ohne Studium, ohne akademischen Abschluss ehrlich, seriös und mit großartiger Zukunftsperspektive so viel Geld verdienen und sich ein freies Leben aufbauen – außer im Network-Business? Nirgends! Ich konnte das anfangs gar nicht fassen. Zumal ich selbst noch ein BWL-Studium on top absolviert habe. Der Grund dafür war ebenso einfach wie ernüchternd. In einem Gespräch mit meiner damaligen Vorgesetzten von der Fondsgesellschaft machte sie mir deutlich, dass mein Karriereweg kaum weiter nach oben führen würde. Weil ich nämlich kein Studium hatte und keine Akademikerin war. Meine erzielten Top-Ergebnisse waren somit völlig belanglos. Andere waren in den Positionen trotz einer schlechteren Performance auf der Karriereleiter vor mir, nur weil sie ein abgeschlossenes Hochschulstudium vorzuweisen hatten. Da wurde mir klar: Ich muss studieren. Und das habe ich auch getan und meinen BWL-Abschluss mit der Note 1,6 absolviert", berichtet die versierte Network-Unternehmerin, die in der Studienzeit zusätzlich noch eine kleine Firma mit einem Foodtruck für „gesundes Fast Food" gründet, der überaus erfolgreich durch die Straßen Darmstadts fährt.

FREI UND DENNOCH MILLIONÄR SEIN – WIE GEHT DAS?

Studium, Prüfungsphasen, Unternehmensführung – viel, irgendwann auch zu viel, selbst für ein Energiebündel wie Katja Schreider. Kein Körper kann über Monate hinweg auf Dauerpower laufen und dabei auch noch gut funktionieren. Auch ihrer nicht. Der Entschluss: Es muss sich etwas ändern. Gedacht, gemacht. Sie verkaufte ihr kleines Unternehmen, zog ihr Studium weiter engagiert durch und verfolgte parallel über Social Media zwei für sie höchst interessante Menschen. Zwei, die für eine Company tätig waren, deren Produkte sie aufgrund langjähriger Hautprobleme selbst nutzte und die ihr sehr halfen. Ihr Follower-Fokus lag auf zwei Männern, die scheinbar etwas anders, aber dafür umso erfolgreicher machten. Die dabei einen Lifestyle führten, der in Katja Schreider Begehrlichkeit sowie Interesse erweckten. Die beiden genossen ihr Leben in vollen Zügen und waren dennoch Einkommens-Millionäre. Für die damalige Studentin unfassbar! Wie konnte das möglich sein? Eine Diskrepanz, die sie geklärt haben wollte. Also fragte sie über Facebook direkt bei einem der beiden nach. Die Antwort erfolgte postwendend, indem er ihr das Network-Geschäft kurz, prägnant und schnörkellos erklärte. Sensationell! Katja Schreider konnte es kaum fassen, erkannte aber auch die großen Herausforderungen, die es in diesem verheißungsvollen Business zu bewältigen gilt. Insbesondere wegen der ihr zuvor schon besagten fehlenden Skills.

Die analytisch veranlagte Akademikerin, die heutzutage ihre Orga professionell wie eine Top-Managerin eines DAX-Konzerns führt, nahm die neue Herausforderung an und startete – selbst eingeschrieben, aber zu diesem Zeitpunkt immer noch parallel zu ihrem sich dem Ende zuneigenden Studium. Schnell aber wird deutlich: Das Network-Business belohnt sie trotz gebremstem Engagement und gedrosselten Aktivitäten dennoch mit einem höheren Einkommen als je zuvor. Sofort taucht bei ihr eine Frage im Kopf auf: Was wäre erst möglich, wenn sie mit voller Kraft, und Konzentration zu Werke gehen würde? Ihr schwant, dass sich endlich die Tür zu ihrem so heiß ersehnten Traum nach einem freien, selbstbestimmten Leben öffnet.

Und noch etwas macht sie richtig: Sie übernimmt Verantwortung für sich und ihr neues Leben. Und zwar indem sie von da an, wo sie mehr im Network verdient als sie für sich und einen guten Lifestyle benötigt, sich ein eigenes breites Anlageportfolio aufbaut. Das nämlich bietet ihr ein solides Fundament bestehend aus Aktien, Fonds, Krypto bis hin zu Immobilienbeteiligungen. Einfach ausgedrückt: Sie legt ihr Geld sinnvoll und gewinnbringend an. „Wenn der Grund für meinen Start im Network-

Marketing wahre finanzielle Freiheit ist, dann darf ich die Freiheit auf der anderen Seite nicht aufs Spiel setzen, indem ich mehr ausgebe als ich einnehme. Zudem wollte ich mich nicht nur auf mein Network-Einkommen verlassen. Versiegt diese Quelle, wäre es mit meiner Freiheit vorbei. Meine Anlagen, die ich mir nach knapp zwei Jahren Network-Marketing begann aufzubauen, sollten mir daher eine weitere Sicherheit geben", erklärt die Ökonomin und fährt fort: „Mein erstes Network-Ziel war, in dieser Branche mehr zu verdienen, als ich im Monat brauche. Danach ging es mir um die Generierung von passiver, oder wie ich es lieber nenne, von residualer Einkommen durch wiederkehrende Bestellungen. Und auch diese Einnahmen sollten höher sein, als das, was ich monatlich zum guten Leben benötige. Als dritter Schritt folgte, dass ich nicht mit dem höheren Einkommen gleichzeitig meinen Lebensstandard hochsetze und somit höhere Ausgaben produziere. Sondern, dass ich meinen finanziell erwirtschafteten Überschuss reinvestiere und so im Ergebnis mehrgleisig finanziell unabhängig werde", erklärt die inzwischen im Steuerparadies Dubai lebende Zahlen-Daten-Fakten-Begeisterte.

Sie achtet dabei auf absolute Effektivität und Effizienz – auch beim Thema Expansion und Teamaufbau. „Ich erziele mit vielleicht einem Drittel an Teamgröße im Vergleich zu anderen Networkern gleiche oder gar höhere Umsätze. Der Grund dafür ist recht einfach: Ich bringe meine Partnerinnen und Partner schnell und vor allem solide ins Geschäft, indem ich ihnen zeige, wie ich geschäftlich und in finanziellen Belangen agiere. Sie erkennen, wie grundehrlich und seriös unser Network-Business ist, wie gut es funktioniert und welche Sicherheiten dieses Geschäft uns allen bietet – wenn man es vernünftig macht. Vernünftig, das heißt, dass ich z. B. meine neuen Partnerinnen und Partner offen frage, was sie im letzten Monat verdient haben. Nennen sie mir eine Summe, frage ich sie, was davon am Monatsende übrig ist. Spätestens dann mache ich ihnen deutlich, dass sie lieber ihr im Network generiertes Einkommen erhöhen und beginnen sollten, davon in kleinen Schritten zu investieren, statt es für Materielles auszugeben. So bauen sie sich durch Network-Marketing Vermögen auf und schaffen sich eine gute finanzielle Grundlage. Das ist doch grandios: Weil in unserer Branche die Einkommen exorbitant hoch sein können, bietet sich die Gelegenheit, endlich Vermögen aufzubauen, von dem sich frei leben lässt", analysiert Katja Schreider fasziniert. Unterm Strich dreht sich vieles bei ihr um das Thema „Wachstum". Immer mehr wachsende Kompetenz führt zu mehr Erfolg, zu mehr Einkommen, mehr Wohlstand, mehr Investitionen und damit zu immer mehr Freiheit. Wachstum – ein Begriff, den Katja Schreider aber noch viel breiter interpretiert. Denn bei aller Liebe zu nüchternen Zahlen ist sie eine mehr als warmherzige Frau. Ein emotionaler Balanceakt, den sie perfekt beherrscht – ohne einen Hauch von Kalkül, sondern vielmehr mit hundertprozentiger Hingabe, Fürsorge und Güte. Ihr liegen ihre Partnerinnen und Partner nämlich am Herzen. Und weil das so ist, kämpft Katja Schreider für sie, für deren Wohlergehen und damit auch für deren Erfolg wie eine Löwin. Vielleicht auch, weil Löwe ihr Sternzeichen ist. Insofern ist es wohl kaum übertrieben, wenn man sagt: Diese kluge Frau ist ein Stern am Firmament der Network-Branche und ein Stern für ihr Team. Sie führt nämlich zugleich mit Herz und auch ebenso mit Verstand. So verdient sie sich wirkliches Vertrauen. „Jeder in meiner Orga weiß, dass ich immer für alle da bin, mich kümmere und nur das Beste für alle will. Ja, ich beschütze meine Partnerinnen und Partner, indem ich sie mit aller Kraft an ihr persönliches Ziel führe, damit auch sie ihre Träume und Wünsche in die Realität umsetzen können", betont diese überaus emotionale, herzliche Network-Marketing-Unternehmerin, die ihrem Leitmotiv auf ihre ganz spezielle Weise spürbares Leben einhaucht. „Wachstum durch Liebe" – als These vielleicht auf den ersten Blick eine Provokation. Für Katja Schreider eher eine echte Erfüllung und Genugtuung.

KATJA SCHREIDER –
spontan gefragt, spontan gesagt

● **Mir ist Erfolg wichtiger als …**

„… nichts anderes, weil alles, was für mich gut ist, ist für mich auch Erfolg!"

● **Freiheit bedeutet für mich, …**

„… nur noch zu dürfen statt zu müssen!"

● **Manchmal möchte ich lieber …**

„… in den Kopf anderer Leute blicken, um sie zu verstehen!"

● **Mein liebster Fehler an mir ist, …**

„… dass ich immer aus dem Herzen spreche, weil ich mir Halbwahrheiten gar nicht merken könnte!"

● **Ich langweile mich, wenn …**

„… Stillstand herrscht und sich in allen Lebenslagen nichts bewegt!"

● **Network-Marketing bleibt ein modernes Business, weil …**

„… dieses Geschäft immer mit der Zeit gehen muss, um zu funktionieren!"

● **Mein wichtigster Rat an alle Networker lautet, …**

„… hör auf, alle und jeden immer um jeden Preis zu pitchen!"

ULRIKE MARTIN

Lifeplus

EINE TOP-AUSBILDUNG IST DER GRUNDSTEIN DES ERFOLGS

Eine Lady, wie sie im Buch steht. Eine Frau, die weiß, wie sie den Herausforderungen des Lebens begegnet. Und eine Dame, die das hohe Lied der Leistung singen kann. Kein Wunder, ist Ulrike Martin doch ausgebildete, studierte Opernsängerin und trifft daher stets den entsprechend passenden Ton – in jeder Lebens- und Empfehlungslage. Eine Kompetenz, die ihr keineswegs per Zufall in den Schoß gefallen ist. Absolut nicht. Vielmehr das Ergebnis harter Arbeit, klar definierter Zielgenauigkeit, aber vor allem von gemachten, durchlebten Erfahrungen, die aus schwierig zu bewältigenden Herausforderungen resultieren. All dies hat die gebürtige Norddeutsche, die heute in München lebt und mit einer wunderbar positiven Leichtigkeit durchs Leben schwebt, geformt und ihr den Weg bereitet. Von der Bühne der musischen Künste hin zu einer neuen Karriere. Mitten rein ins Rampenlicht des bunten, schillernden Empfehlungsmarketing-Theaters. Das ist ihre Welt. Genau hier passt sie hin wie kaum jemand anderes. Es ist ein Stück weit Bestimmung und Berufung, die sie hier gefunden hat. Beides bringt in ihr einen dynamischen Tatendrang hervor, den die charmante Lifeplus-Partnerin als Rückenwind nutzt, der sie sanft und ebenso permanent auf den Gipfel des Erfolgs geschoben hat. Und dies schon seit vielen Jahren ...

Kleine und große Bühnen, Metropolen und Provinzregionen sowie internationale Wettbewerbe – Ulrike Martin ist in ihrer Welt der schönen Melodien als in Hannover studierte Opernsängerin nichts fremd. Sie weiß aus eigener Erfahrung, was es heißt, klein und bescheiden anzufangen, um sich dann mit Können und eisernem Willen stetig nach oben zu arbeiten. Von

Gustav Mahler bis Richard Strauß – das romantische Lied, Kirchenmusik, Oper und Operette – so leicht und beschwingt diese Melodien vielleicht klingen, so anspruchsvoll sind sie vorzutragen. Es gehören Disziplin, permanentes Üben, viel Durchhaltevermögen und die Freude daran, stets sein Bestes zu geben, dazu. Eine Ironie des Schicksals? Vielleicht! Sind das doch die Tugenden, die zugleich zum erfolgreichen Emporsteigen auf der Karriereleiter des Network-Marketings vonnöten sind. Ebenso die Bereitschaft sich durchzukämpfen, Herausforderungen anzunehmen und Probleme zu meistern. Das Leben ist kein „Wünsch-dir-was-Spiel" – weder auf der Bühne noch im Empfehlungsmarketing. Dies spürt Ulrike Martin spätestens, als eine Erkrankung sie aus der „gesungenen Karriere-Bahn" zu werfen droht. „Das hat mich zwei Jahre gekostet, aber ich habe niemals aufgegeben und mich zurückgekämpft", betont sie. „Aber ich habe es geschafft und bin auf die Bühne zurückgekehrt!"

Fortan verwöhnt sie ihr Publikum im Süden der Republik. Die Liebe und die Engagements sind es, die sie in die bayerische Hauptstadt München führen. Aus der scheinbar gefühlt „sicheren Festung Ehe" heraus, die ihr zunächst ein mentales und zugleich finanzielles Fundament bietet, erlebt die Gesangskünstlerin hautnah, wie die beruflichen Seiten jedoch zunehmend schwieriger werden. Zu Beginn der neunziger Jahre weht eine Flaute durch die Szene. Die Rollen- und Auftritts-Angebote werden immer spärlicher, die Gagen immer kleiner. „Das tat weh. Nicht nur im Portemonnaie. Wenn man beruflich das Gefühl bekommt, nicht gebraucht zu werden, dann ist das alles andere als leicht erträglich. Das hat nichts mit Eitelkeit zu tun. Eine Situation, die kaum auszuhalten ist, weil man ihr so machtlos gegenübersteht", erklärt Ulrike Martin nachvollziehbar. Als dann noch nach zehn Jahren Gemeinsamkeit ihre Ehe in die Brüche geht, steht sie plötzlich gefühlt vor dem Scherbenhaufen ihres Lebens.

EINE SCHLAFLOSE NACHT UND EIN BUCH
WAREN DIE RETTUNG

Was tun? Alles, nur nicht aufgeben. „Ich stand da mit rein gar nichts – kein Geld, keine Auftritte, keine Perspektive. Da kann man schon verzweifeln. Meine Rettung war am Ende ein Buch, nur ein einziges Buch. Eines, das ich anfangs noch nicht einmal lesen wollte, das ich vielmehr achtlos zur Seite gelegt hatte, als es mir jemand gab. Aber es rettete mich über eine Nacht hinweg, in der ich nicht schlafen konnte."

Das Buch hieß „Von Mensch zu Mensch" – der Bestseller von Lifeplus-Ikone Gabi Steiner, eine Ikone des Empfehlungsmarketings. „Ich las das Buch in dieser Nacht durch. Gefesselt, fasziniert und ebenso völlig verwundert. Alles, was ich darin las, kannte ich nicht. Noch nie hatte ich zuvor von Network-Marketing gehört, von den Produkten, erst recht nicht von Empfehlungsmarketing, von rein gar nichts. Aber es hatte mich so inspiriert, dass ich am nächsten Morgen eine Freundin von mir angerufen habe. Denn ich dachte insgeheim bei mir: Schlimmer, als meine damalige Situation schon war, konnte es eh nicht mehr werden. Was hatte ich also zu verlieren? Nichts, absolut rein gar nichts!", bekennt die heute so erfolgreiche und hochdekorierte Lifeplus-Partnerin.

Selbst gesponsert zum Erfolg, irgendwie so typisch für Ulrike Martin. Eine Selfmade-Lady mit innerlich schlummerndem Unternehmungsdrang. Sie wühlt und rackert sich in die doch sehr spezifische Business-Materie hinein. Übt, lernt, ist wissbegierig. „Mit Menschen konnte ich schon immer recht gut umgehen, auch, weil ich anderen gegenüber stets aufgeschlossen bin. Das hat mir meine ersten Schritte in diesem Geschäft sehr erleichtert. Ich hatte keine Kontaktschwierigkeiten oder gar größere Hemmungen. Aber auch durch den Umstand, dass ich gar keine Zeit hatte, lange nachzudenken, weil ich nämlich überaus dringend Geld verdienen musste, hatte ich kaum Startschwierigkeiten. Und wenn ich doch welche gehabt haben sollte, dann habe ich sie gar nicht bemerkt. Der Druck, der mich regelrecht zum Erfolg verdammte, war schlicht und einfach so groß", weiß die Erfolgs-Networkerin rückblickend voller Demut zu berichten. „Ich habe einfach losgelegt und gemacht. Aus heutiger Sicht eine gar nicht so untypische Situation. So geht es doch aktuell sehr, sehr vielen Menschen. Frauen und Männer, die Existenzangst und damit kaum eine wirkliche aussichtsreiche Perspektive haben. Vielleicht bin ich und auch unser tolles Business in dieser Hinsicht ein guter Beweis dafür, was trotz Druck, aber mit Willen, ehrlicher Arbeit und persönlichem Einsatz alles im Leben möglich sein kann."

Die nordische Wahl-Münchnerin begibt sich also fortan auf die Suche nach geeigneten Kandidatinnen und Kandidaten. Menschen, die für ihr neues Geschäft als Partnerinnen und Partner infrage kommen. Sie ist fasziniert von der Magie der Expansion durch Multiplikation. Auch, weil ihr dieser Business-Zweig im Network-Marketing besonders liegt – und das bis heute. „Den eigentlichen Mikro-Nährstoffen in der Produktwelt von Life-

plus habe ich mich erst Jahre später gewidmet. Und zwar erst, als ich den Diamant-Status in unserem Karriereplan erreicht hatte. Von da an hatte ich nämlich ausreichend Zeit, mich um die Produkte meiner Company zu kümmern", lacht sie süffisant und ergänzt: „Ich lege seit Beginn meiner Network-Laufbahn viel Wert auf eine sehr gute, intensive und hochwertige Ausbildung. Zum Glück! Daher kann ich heute von meiner Orga behaupten, dass ich hoch qualifizierte Top-Führungskräfte in meinen Reihen habe, die das Geschäft zu 100 Prozent beherrschen. Menschen, mit denen ich sehr eng zusammenarbeite, die mir am Herzen liegen. Eines steht für mich außer Frage: Die bestmögliche Ausbildung von gesponserten Partnerinnen und Partnern ist der Grundstein des Erfolgs in unserem Geschäft. Und auf diesem Fundament baut sich meine Motivation und Freude auf, andere Menschen stark zu machen. Jemanden zu sponsern allein genügt nicht. Man muss sich kümmern und selbst alles dafür tun, um die oder den anderen erfolgreich zu machen. Immer unter der Voraussetzung, dass man nur anderen helfen kann, wenn sie sich selber auch helfen lassen wollen", verdeutlicht die seit Jahren so erfolgreiche Lifeplus-Führungskraft. Der Clou dabei: den anderen Menschen ausreichend Raum zu geben. Raum, sich entfalten zu können, damit sie oder er sich eingeladen fühlt, mir zuzuhören", sagt sie und ergänzt, dass ohnehin das Network-Business ihrer Meinung nach zu 90 Prozent aus Hin- und Zuhören bestehe.

ICH WEISS, DASS ICH DURCH MEINE PERSÖNLICHKEIT ÜBERZEUGE

Im gleichen Atemzug betont sie, dass sie niemanden zum Glück zwingt oder andere zu überzeugen versucht. Das ist nicht ihre Welt. Sie strahlt vielmehr aus, was sie zu bieten hat: nämlich eine neue, andere Chance. Getreu dem Motto: Wer fragt, der führt – und Ulrike Martin fragt halt einfach. Dies mit der Maßgabe, die unbefriedigten Bedürfnisse der anderen zu erfahren. Und die gibt es. Zuhauf und bei jedem. Genau dafür hat sie dann eine Lösung parat – ihr Geschäft. Ein Business, das Freiheit, Selbstbestimmung, finanzielle Möglichkeiten bis hin zur grenzenlosen Finanzfreiheit bietet. Neue Horizonte entdecken und austesten – Network-Marketing macht's möglich und Ulrike Martin somit auch. „Ich weiß, dass ich durch meine gefestigte Persönlichkeit überzeuge und entsprechend auf andere wirke. Vielleicht hat das einerseits etwas mit der Notwendigkeit von Präsenz in meinem ursprünglichen Beruf zu tun. Und andererseits mit dem, was ich über die Jahre im Network-Marketing und durch sehr viele Erfahrungen mit meinen Partnerinnen und Partnern dazugelernt habe. Keine Frage, die Downline schleift einen ...!", schmunzelt sie.

Ulrike Martin ist ein geschliffener Diamant, einer, der schon vorher in vielen Facetten funkelte. Sie ist ein „positiver Geist" bei Lifeplus, der zu führen versteht, weil ihre Zielorientierung auf Praxis statt auf Theorie ausgerichtet ist. Sie ist zudem eine Frau, die zu führen versteht, weil sie führen will und bereit ist, diese große Verantwortung zu schultern. Aus dieser Sicherheit resultiert ihre für sich selbst sprechende Überzeugungskraft. „Dazu gehört die Einsicht, täglich dazuzulernen und zu wissen, dass immer noch mehr geht", fügt die Spitzenführungskraft weise hinzu. Worte, die sie mit Bedacht wählt, weil sie diese lebt und ebenso vorlebt. Wobei selbst jemand von ihrem Erfolgskaliber offen eingesteht, dass auch sie äußerst schwere Momente erlebt hat. Situatio-

nen, in denen es nicht so voranging, wie sie es wollte, in denen die Karriere stagnierte, in denen Ziele verfehlt oder Hoffnungen – auch menschliche – enttäuscht wurden. Nur eines gab es nie: Zweifel am System!

„Der Weg des Erfolgs ist eine Reise auf einer langen Welle, es geht auf und ab und manchmal stagniert es auch. Das musste auch ich lernen zu akzeptieren. Aber zu guter Letzt geht es doch immer voran. Es kommt eigentlich nur auf den längeren Atem an …", erklärt Ulrike Martin mit einem wärmenden Lächeln, deren eigener Glaubenssatz nichts anderes als „Ich schaffe alles, was ich will!" lautet. Ein mentales Manifest, das nur eine Voraussetzung für sie hat: Alles das zu tun, was nötig ist, um genau das zu schaffen, was sie will …

ICH BIN EIN MEISTER, DER ÜBT – DENN ICH WEISS, DASS ICH NOCH VIEL LERNEN KANN

Ist das Erfolg? Ist das ihre Art Erfolg? Nein, diesen Begriff definiert die so angenehm extrovertierte Powerfrau auf ihre ganz eigene andere Art. „Erfolg muss nicht immer Karriere oder Materielles als Maßstab haben. Ganz im Gegenteil, es ist vielmehr ein Stück weit Erfüllung. Erfolg bedeutet für mich, dass ich anderen Menschen ihr Leben verbessern konnte. Ihr individuelles Potenzial aus dem Verborgenen hervorgeholt und sie auf diese Weise stark gemacht zu haben. Das werte ich als einen großartigen Erfolg, der parallel einen großen Dankbarkeitsfaktor beinhaltet", erläutert die frühere Mezzosopranistin, die damals wie heute höchsten Wert auf Disziplin und Fleiß legt und dennoch von sich behauptet: „Ich bin ein Meister, der übt!" – eine alte Weisheit aus dem Buddhismus, die nichts anderes beinhaltet als die Gewissheit: „Ich kann schon recht viel, und ich weiß, dass ich noch sehr viel mehr lernen kann!" Eine kluge und auch demütige Erkenntnis, die eine von Gabi Steiner offenbarte Network-These unterstreicht, nämlich dass das Einkommen parallel zur persönlichen Entwicklung wächst.

Ulrike Martin hat die Bedeutung verinnerlicht, hat sie er-, durch- und vorgelebt. Umhüllt von der Erkenntnis, in diesem Business mit der eigenen Personality punkten zu können. „Ich bin mir meiner eigenen Wirkung überaus bewusst, weil ich nämlich genau auf diese achte – durch äußere Optik, sprachliches Niveau, durch Umgangsformen, aber auch durch damit einhergehendes Selbstbewusstsein, angenehmes Auftreten, ausgestrahlte Zuversicht und positive Wirkung. Daran zu arbeiten, ist wichtig – das kann jeder und sollte jeder tun, um für seine individuelle Entwicklung und eigene Ausstrahlung zu sorgen", resümiert sie. Kein Wunder, dass Ulrike Martin heute für viele ein Vorbild ist, denn genau dieses Bewusstsein macht eine echte, erfolgreiche Network-Marketing-Lady aus, eine wie sie.

ULRIKE MARTIN –
spontan gefragt, spontan gesagt:

● **Mir ist Erfolg wichtiger als …**
„… das alltägliche Einerlei!"
● **Freiheit bedeutet für mich, …**
„… alles, insbesondere Selbstbestimmung und eine krisensichere Aufgabe mit ständiger Zukunftsperspektive wie hier bei Lifeplus!"
● **Manchmal möchte ich lieber …**
„… mit meinem kompletten Team einfach unbeschwert eine schöne Woche verbringen!"
● **Mein liebster Fehler an mir ist …**
„… die oftmals bedingungslose Liebe zu den Menschen!"

● **Ich langweile mich, wenn …**

„… mich jemand regelrecht mit Worten überhäuft!"

● **Network-Marketing ist ein modernes Business, weil …**

„… es die schönste Möglichkeit ist, andere unabhängig zu machen!"

● **Mein wichtigster Rat an alle Networker lautet, …**

„… kümmert euch um eure eigene Persönlichkeitsentwicklung!"

SUSANNE ROSTECK

LR HEALTH & BEAUTY

ERST IM NETWORK-BUSINESS ENTDECKTE ICH, WAS ICH ZU LEISTEN IMSTANDE BIN

Einfach mal machen! Kopf aus, Herz an und los geht's. Wenn andere über das Wie nachdenken, hat sie schon die ersten Ergebnisse erzielt. Wie? Für sie eine beinahe spießige Frage. Wer braucht denn schon das „Wie", wenn es um Resultate geht? Um die Schlagzahl, die Power, die Aktivität und um das, was unterm Strich dabei herauskommt. Das ist es, was Susanne Rosteck interessiert und anspornt. Denn genau das ist Susanne Rosteck – zu 100 Prozent. Power pur, Dynamik in Reinkultur, positive Unbedarftheit, schwungvoller Elan, der ansteckt und mitreißt. Tempo, Tempo, Tempo – und das alles mit einem wunderbar charmanten Lächeln, das verzaubert. Dazu ein Schuss Eleganz, erfrischender Pep, ein Auge für Stil und Style und obendrein jede Menge positive Energie, die sie spürbar und fast schon verschwenderisch an ihr Umfeld und ihre Umwelt zu verteilen und abzugeben scheint. Mit dieser beeindruckenden LR Health & Beauty-Partnerin, die parallel auch Mutter zweier kleiner Töchter und Ehefrau ist, bekommt menschlich positive Energie eine annähernd neue Dimension. Sie strotzt nur so vor Tatendrang, vor Schaffenskraft und Ergebnis-Hunger. Dabei führt sie nicht an, nein, sie reißt ihre Downline regelrecht mit und eilt dabei selbst von Erfolg zu Erfolg. In nur rund vier Jahren hat sie es vom Einstieg in das Network-Business bis an die Führungsspitze gebracht. Eine Demonstration von Willensstärke, von Zielfokussierung und das Ergebnis von viel Try-and-Error. Gerade zu Anfang. Ausprobieren, klappt, klappt nicht, Haken dran, weitermachen, Erfahrung verarbeiten und mit den richtigen Assets fortfahren. Ihr Ziel brennt in ihren großen, braunen Augen – Erfolg, mit ein bisschen Glitzer und Glamour, den sie mit ihrer jungen, tollen Familie teilt. Denn sie weiß, dass das Leben auch ganz anders aussehen kann ...

In der Karibik geboren, wuchs Susanne Rosteck die ersten elf Jahre ihres Lebens in der Dominikanischen Republik auf. Wem jetzt ein wehmütiges, beinahe neidisches Seufzen widerfährt, der kennt wahrscheinlich nur die Postkarten-Idylle des vermeintlichen Urlaubsparadieses. Doch hinter den Stränden, den schicken Hotels, den bunten Nachtclubs und der fröhlichen Musik sieht der Alltag der Einheimischen komplett anders aus. Sorgen, Nöte, Armut, Existenzängste sind Normalzustand und an der Tagesordnung. Plötzlich nämlich fällt viel Schatten auf die Sonneninsel in der Karibik. Nein, so mühselig hatte sich auch ihr deutscher Vater das Leben in der „DomRep" nicht wirklich vorgestellt. Also geht es mit der karibischen Ehefrau und dem stets lachenden, fidelen Tochterherz zurück nach Deutschland. Was dort wartet? Kulturschock! Klimaschock! Temperaturschock! Mentalitätsschock! Für das kleine, quirlige elfjährige Karibik-Mädchen Susanne heißt das nicht nur Eintauchen in eine neue, fremde Welt. Es ist ein völliger Neu-

anfang, ein wahrhaftiger Kaltstart mit schwierigen Herausforderungen. Allem voran gilt es, die deutsche Sprache zu lernen, um in der Schule mitzuhalten. Man könnte auch sagen: bunte karibische Orchidee trifft auf blass-langweilig deutsche Distel! Was für ein Gegensatz! Aber dennoch meistert sie die notwendigen Herausforderungen mit Bravour und einem Schuss der so oft zitierten einstigen deutschen Disziplin, die doch tief in ihren karibisch-deutschen Genen und Wurzeln verborgen scheint. „In der Dominikanischen Republik war ich eine Musterschülerin auf einer Privatschule. Und in Deutschland? Da musste ich erst einmal die Schulbank in der Hauptschule drücken und mich mühsam – auch wegen der Sprache – wieder vorankämpfen. Dieser gewaltige Unterschied im Status war für mich damals nicht leicht zu akzeptieren. Auch, weil mir anfangs das Verständnis dafür fehlte", erklärt die heute so erfolgreiche Networkerin, die mit ihrer Familie südlich von Nürnberg lebt. In diesem eher geruhsamen Landstrich ist sie mittlerweile vollständig innerlich ankommen. Denn inzwischen rollt sie beinahe wie selbstverständlich auch das berühmte fränkische „Rrr" schon auf charmanteste Weise.

Doch die in Deutschland neu angekommene „Exotin mit sonnigem Gemüt" kämpft sich durch, macht einen guten Schulabschluss und kommt über ein Praktikum beim Zahnarzt zu ihrer ersten Berufsausbildung. Nur drei Tage ist sie zwischen Bohrer, Füllungen und Kronen aktiv, als ihr eine komplette Ausbildung vonseiten des Zahnarzts angeboten wird. Huch, das ist so gar nicht das, was Susanne Rosteck damals ursprünglich wollte. Ihr eigentlicher Berufswunsch: Polizistin werden! Blaulicht statt Backenzahn! Was tun? Mit dem Angebot einer Lehrstelle geht niemand Anfang der 2000er-Jahre leichtfertig um. Sogar nicht im wirtschaftsstarken Deutschland. Zu rar sind die begehrten Ausbildungsstellen damals gesät. Auch die Lehrer und ihre Eltern reden ihr daher gut zu, die Ausbildung zur „zahnmedizinischen Fachangestellten" besser anzunehmen und anzutreten. Okay! Doch im Hinterkopf hat die heutige LR Health & Beauty-Top-Führungskraft einen geheimen Plan: Ausbildung machen, es durchziehen, sodass sie einen erlernten Beruf mit Ausbildungsnachweis in der Tasche hat. Aber dann soll es „mit Tatütata" einen Neustart bei der Polizei geben. Von wegen – aus anfänglich drei Jahren Lehrzeit werden am Ende insgesamt doch neun Jahre, die sie ihrem zahnmedizinischen Beruf treu bleibt. Warum auch nicht? Es macht ihr Spaß, sie ist beliebt bei Chef und Kollegen – die scheinbare Notwendigkeit doch nun zu wechseln und wieder neu zu beginnen, ist für sie nicht wirklich notwendig.

Und dennoch spürt sie im Inneren: Mehr ist machbar! Das Potenzial habe ich allemal. Und ein bisschen mehr Geld in der Haushaltskasse wäre zudem auch ganz schön. Denn die Aussicht auf Reichtum ist im Dasein als „zahnmedizinische Fachangestellte" überaus weit entfernt. Ihre Bemühungen auf Fort- und Weiterbildung werden zudem von den Vorgesetzten ausgebremst. Angeblich sollen jetzt erst einmal die anderen Kolleginnen an der Reihe sein. „Das war für mich umso frustrierender, weil die alle gar keine Lust hatten und gar nicht wirklich wollten ...", so die zweifache Mutter. Ärgerlich, aber in ihr reift eine durchaus kluge Alternative. Eine, die sie auch in die Tat umsetzt, just als sie im Alter von 25 Jahren das erste Mal schwanger wird. Baby im Bauch, Ideen im Kopf – und parallel dazu startet die „karibische Neu-Fränkin" eine Ausbildung zur Heilpraktikerin. Wow, auf so eine pfiffige Idee muss man erst einmal kommen.

Gedacht, gesagt, getan – im dritten Monat der Schwangerschaft und in der Freistellung von ihrem „Dental-Job" ging es los mit der neuen beruflichen Perspektive. Kostenpunkt: 6.000 Euro Investition! Viel Geld ... für noch mehr Mühe sowie enormen Zeit- und Lernaufwand. Susanne Rosteck merkt dabei aber zunehmend, was sie sich zugemutet und selbst aufgebürdet hat. Durchatmen, die Geburt der ersten Tochter naht und damit auch ein Break in der Neu-Ausbildung. Denn Isabella, das neue süße Familienmitglied, fordert ihre Mutter bis an die Grenzen, ist völlig auf sie fixiert und dürstet nach Liebe und körperlicher Nähe. Keine Frage, die heutige Erfolgs-Networkerin spürt zunehmend den Druck von allen Seiten. Baby, Mama-Dasein, Ausbildung, Lernzeit, Partnerschaft, Schulregeln … auf der Strecke aber bleibt nur sie allein. Auch in ihrem Bestreben, es allen recht machen zu wollen. Doch die Rettung, die Lösung und damit ein Ausweg aus ihrem Dilemma naht: Network-Marketing!

Auf Social-Media-Kanälen hat sich die junge Mutter mittlerweile nämlich ein „Mami-Profil" erstellt, das sie täglich hegt und pflegt. Die Früchte ihres Engagements lassen nicht lange auf sich warten: eine stetig wachsende Anzahl von Followern, die wohl heutzutage modernste Form der Wertschätzung und des Selbstwertgefühls. Und auch Susanne Rosteck freut sich über den Zuspruch auf ihren Plattformen, insbesondere auf Instagram. Hier tauscht sie sich mit anderen „Young Mums" aus, postet News und Fotos. Bis sie eine Nachricht erhält, die ihr eine berufliche Chance im Network-Marketing bei LR Health & Beauty bot. „Was ich damals nicht wusste, diejenige, die mich kontaktierte, war selbst erst drei Tage lang im Business tätig. Aber trotzdem – der Text, den sie mir schrieb, hatte es in sich. Er machte mich neugierig, blieb mir im Kopf hängen und ließ mich nicht mehr los …!"

DAS PASSENDE ANGEBOT ZUR PASSENDEN ZEIT
IN DER PASSENDEN SITUATION

Was aber war so besonders an dieser Nachricht? Inhalt und Aussage passten so sehr, wie es besser in genau dieser Situation wohl nicht passen konnte. „…Kannst du dir vorstellen, von zu Hause aus ein zweites Standbein aufzubauen …?" stand da geschrieben. Na klar konnte sie sich das vorstellen. Mehr wohl, als es selbst die Anfragende zu erahnen vermochte. Es war eine Frage, die wie ein Pfeil mitten ins Neugierde-Zentrum der hin- und hergerissenen Mutter traf. Arbeiten von zu Hause? Zweites Standbein? Aber wie und womit? Das waren die Fragen, die Susanne Rosteck im Kopf schwirrten. „Natürlich wollte ich einerseits zusätzlich Geld verdienen, auf der anderen Seite aber wollte ich mein Baby nicht so früh in die Kita geben. Was also tun?" Am besten erst einmal informieren und mehr erfahren. Genau das tat sie auch und ein längerer Chat-Dialog war die Folge, bei dem ihr das Network-Business einfach und damit aufschlussreich und nachvollziehbar erklärt wurde. Finanzielle Freiheit und das auch noch von zu Hause aus – zwei kleine, markante Stichpunkte mit umso größerer Wirkung. Das waren die entscheidenden Trigger, die für sie maßgeblich waren. Es war die passende Lösung für die entsprechend passende Situation und das alles zur genau richtigen Zeit. Match! Passt! Dazu noch ein schlagendes Argument als Sahnehäubchen: Das einzige Werkzeug, was benötigt wird, ist lediglich ein Smartphone!

„Ich kaufte ein Starterpaket mit einer Gesichtsbürste für reinere Haut. Das Kuriose daran: Ich besaß schon eine von einem anderen Anbieter, allerdings mit einem Unterschied – mit der alten Bürste konnte ich kein Geld verdienen, mit der neuen eben doch", lacht die schon mehrfach ausgezeichnete Führungskraft rückblickend. Risiko? Ach was, es gab nichts zu unterschreiben, der Kaufbetrag war überschaubar und schon wurde aus „Susi Rosteck" in kürzester Zeit „Susi Sorglos" … Dennoch kam es, wie es oftmals kommt: Der werte Ehepartner, der ihr heute den Rücken im Backoffice von administrativen Aufgaben freihält, konnte sich für diese Geschäftsidee anfangs so rein gar nicht begeistern und spielte erst einmal die Rolle des „Mahners" und „Bedenkenträgers". Sah er doch überall Lug und Trug lauern. Übliche Vorurteile ploppten wie von Geisterhand in seinem Kopf auf, auch weil ihm Network-Marketing rudimentär nicht gänzlich unbekannt war und er genau mit diesen hinlänglich altbekannten Ressentiments schon früher Bekanntschaft gemacht hatte – allerdings ohne wirklich eigene Erfahrungen gemacht zu haben. In dieser Situation hatte er die Rechnung gänzlich ohne seine Ehefrau gemacht, die nämlich einen eigenen Kopf hat. „Bauch, Herz und Hirn sagten mir, dass ich es tun und ausprobieren sollte, und genau das habe ich getan. Gott sei Dank …!", lacht sie.

Neue Hoffnung, neue Perspektive, neues Glück – der Start beginnt. Zehn Monate harter, magerer Anlauf. Ausprobieren, erste Schritte, durchhalten. Dann endlich werden die ersten Hundert Euro verdient. Durchatmen! Große Freude über ein kleines, erstes Income. Das aber hat immerhin zur Folge, dass der einstige Traum vom erfolgreichen Dasein als Heilpraktikerin final begraben wird. Susanne Rosteck widmet sich mehr und mehr ihrer neuen Network-Karriere. Auch, weil sich das parallele Leben als Mami und Ehefrau mit der neuen Aufgabe optimal managen lässt, was sie hautnah spürt. „Maßgeblich beeinflusst hat mich eine Geschäftspartnerin, die vom Karrierelevel her zwischen mir und unserer damaligen Orga-Leiterin stand. Sie entdeckte mein Potenzial, hat an mich geglaubt und mich daher sehr gefördert. Von ihr habe ich extrem viel gelernt – von der Ansprache über die Einwandbehandlung bis zu den Instagram-Live-Videos. Das hat mein Vertrauen ins Business, in meine Arbeit, aber vor allem in mich selbst enorm bestärkt. Und das Tollste: Daraus ist eine enge Freundschaft entstanden. Sie ist für mich ein Network-Paradebeispiel, so wie ich es heute hoffentlich auch für andere bin."

Die Rolle als Vorbild lebt sie perfekt vor. Auch für ihr Team, von dem sie weiß, dass genau diese Crew ihren heutigen Erfolg ein großes Stück weit erst möglich gemacht hat. Denn Network-Marketing bleibt, was es ist: Teamwork! Insofern bekommt sie Hingabe, Engagement, Leidenschaft und all ihre Emotionen, die sie in ihre Downline mit Herzblut investiert, mit einer Top-Performance zurück. Das „Team Susi" ist weit mehr als Business. Es ist aktiv gelebte, manchmal sogar innigste Freundschaft. Kein Wunder also, dass sie im Jahr 2020 sogar Orgaleiterin des Jahres wurde – meint man! Doch zu diesem Zeitpunkt lasteten Probleme und Sorgen durch widrige Umstände, Krankheit und Tod im privaten sowie engeren Umfeld schwer auf ihren Schultern. Und gerade in diesen schweren Momenten zeigte sich, wie ihr Business und ihr Team zu einer unbeschreiblich wertvollen Quelle für Energie, Zuversicht und Zusammenhalt wurden.

Susanne Rosteck ist warmherzige Mutter sowie erfolgreiche Business- und Familienmanagerin. Zugleich ist sie eine lebendig gewordene Demonstration all dessen, was – insbesondere für alle Frauen – in diesem besonderen Geschäft möglich ist. „Ich weiß ja selbst, was man hier erreichen kann, weil ich es erreicht habe. Nicht, weil es einfach war. Vielmehr ist es das Ergebnis konsequenter, intensiver Arbeit. Geschenkt bekommt man auch im Network-Marketing nichts. Aber mein positiver Drang, bei anderen etwas Großartiges auszulösen, sie spüren zu lassen, was in ihnen steckt, was sie leisten könnten, wenn sie es nur täten, das beflügelt mich immer wieder. Mein Vorsatz dabei ist ganz einfach: Wenn ich das kann, dann können das andere auch. Genau das sollen andere Menschen bei mir erkennen. Ohne Abi, ohne Studium und ohne perfektes Deutsch – ich konnte das, dann kannst du das auch oder sogar erst recht. Das ist meine Botschaft, für die ich stehe und die ich lebe", erläutert die sympathische Top-Networkerin.

Und sie hat dazu noch ein kluges Argument kreiert, das Sponser-Aspiranten zum Nachdenken verführt: Wer im Schnitt 50 Jahre arbeitet und pro Jahr 30 Tage Urlaub erhält, der hat unterm Strich lediglich vier Jahre Ferien. Vier Jahre denen dann 46 Jahre Arbeit gegenüberstehen. Nur vier Jahre, wo jemand über sein Leben frei und selbst bestimmen kann. Erschütternd, oder? Hinzu kommt, dass in diesen vier Jahren oftmals on top das nötige Kleingeld – trotz Arbeit – fehlt, um die freie Zeit wirklich genießen zu können. „Diese kleine, simple Rechnung macht viele Menschen, mit denen ich rede, nachdenklich und öffnet sie zugleich für eine alternative Lösung. Eine, die wirklich funktioniert!", lächelt die ambitionierte LR-Partnerin.

Dass Network-Marketing funktioniert, da war sie sich sicher. Dass dieses Geschäft in Verbindung mit LR Health & Beauty erfolgreich sein wird, auch das war ihr klar. Nur ob sie es selbst schafft, ob sie wirklich geeignet ist, diesen Beweis musste auch eine heutige Top-Führungskraft Susanne Rosteck erst einmal selbst erbringen. Denn auch sie hatte ihre ganz eigenen Startschwierigkeiten, kam ins Grübeln und Zweifeln. „Ich hatte mir eine Frist gesetzt, bis wann ich meinen Durchbruch schaffen will und werde. In dieser Zeitspanne habe ich alles, aber wirklich auch alles gegeben, was als Mutter machbar ist. Ich habe gelernt, gelesen, geübt und mich informiert – Tag und Nacht. Und ich habe mit Konsequenz und viel Kontinuität niemals locker gelassen. Allen voran mit meinen Live-Videos

auf Instagram. So schaffte ich es, dass mehr und mehr Follower neugierig wurden, Vertrauen fassten, immer öfter in die Streams reinschauten und Interesse an meinem Geschäft bekamen. Sie sahen einfach, dass ich immer ‚on air‘, ehrlich, authentisch und engagiert war und andere so mit auf den Weg nahm", macht die erfolgreiche Geschäftsfrau deutlich, die von ihrer eigenen Entwicklung ein Stück weit freudig begeistert ist. „Anfangs hatte ich zwei Zuschauerinnen, heute manchmal sogar 200. Ja, ich habe entdeckt, wozu ich in der Lage bin. Dieser Reiz, immer noch besser zu werden, noch professioneller, der motiviert mich enorm und treibt mich an!"

SIE SAGT, WAS SIE DENKT UND DENKT, WAS SIE SAGT

Da ist sie wieder, diese nahezu entwaffnende Ehrlichkeit, die permanent an und in Susanne Rosteck zu spüren ist. Ist das ihr wahres Geheimnis des Erfolgs? Auch, aber vor allem sagt sie, was sie denkt und denkt sie, was sie sagt. Ohne ein Blatt vor den Mund zu nehmen, ohne sich verbal zu verbiegen, ohne Klimmzüge mit Political Correctness – hach, wie erfrischend und wohltuend. Sie gibt anderen damit das Gefühl, nicht zwischen den Zeilen lesen zu müssen, ihre Worte und ihr Tun nicht zu interpretieren.

Mixt man diese besagte Authentizität zusammen mit Loyalität, mit ganz viel Liebe, Tiefgründigkeit, Fokussierung, Begeisterung, und schüttelt all diese Tugenden in einen Shaker, erhält man: Susanne Rosteck in einem Guss! Eine Erfolgsfrau im Network-Marketing, die zudem die weibliche Stärke versiert einsetzt: Emotionen haben, zulassen und zeigen. Sie ist der beste Beweis, was Frauen in diesem außergewöhnlichen Business mit ihrem bloßen Frau-Sein Sensationelles erreichen können. Eben, weil sie Frauen sind und den Network-Spirit so verinnerlicht haben, dass sie ihn fast grenzenlos frei und ebenso attraktiv ausleben können. Einfach wunderbar …

SUSANNE ROSTECK –
spontan gefragt, spontan gesagt

● **Mir ist Erfolg wichtiger als ...**
„... Geld, denn er schließt alles andere mit ein!"
● **Freiheit bedeutet für mich, ...**
„... auch mal auszuschlafen!"
● **Manchmal möchte ich lieber ...**
„... unsichtbar sein!"
● **Mein liebster Fehler an mir ist, ...**
„... dass ich sehr direkt bin!"
● **Ich langweile mich, wenn ...**
„... ich nicht gefordert werde!"
● **Network-Marketing ist ein modernes Business, weil ...**
„... die Produkte immer Bedarfsprodukte sind und bleiben!"
● **Mein wichtigster Rat an alle Networker lautet, ...**
„... Erfolg ist freiwillig!"

ANDREA GRÜBEL
Network-Marketing-Professional

AUCH NACH 30 JAHREN HABE ICH LEIDER KEINE ZWEITE ANDREA GRÜBEL IM NETWORK GEFUNDEN

Die magnetische Kraft ist ein Natur-Phänomen. Dabei handelt es sich – sehr einfach ausgedrückt – um ein Energiefeld, das wiederum andere Teile anzieht. Im übertragenen Sinn ist auch Andrea Grübel so ein Magnet. Nämlich jemand, der mit einer irgendwie unwiderstehlichen Anziehungskraft Menschen auf eine beinahe magische Weise an sich zieht. Ihr magnetisches Feld ist dabei so pur und zugleich speziell wie einfach: Es nennt sich Freundlichkeit! Einfach nur Freundlichkeit, die verzaubert, die entwaffnet, die sich gut anfühlt und die nicht aufgesetzt, sondern absolut ehrlich ist. Freundlichkeit – nicht mehr und schon gar nicht weniger. Denn was sich auf den ersten Blick vielleicht banal anhört, entpuppt sich auf den zweiten als eine heutzutage immer seltener gewordene Eigenschaft. Ehrliche Freundlichkeit – kein gespieltes Gehabe, keine aufgesetzte Maske oder eine Fassade, hinter der sich jemand komplett anderes versteckt. Nein, Andrea Grübel macht nicht auf freundlich, sie ist es. Gerade in einer Zeit, in der diese grundlegende Tugend des guten menschlichen Miteinanders immer rarer zu werden scheint, kommt sie wie ein strahlender Leuchtturm daher und fällt deshalb auf. Und als ob dies nicht schon bemerkenswert genug wäre, rundet sie diese wunderbare Ausstrahlung noch mit dem Faktor Anmut ab. Auch ein heutzutage nicht oft benutztes Wort. Beinhaltet es doch eine gewisse Form von Ästhetik, Grazie, vielleicht sogar eine Prise innerer und äußerer Schönheit, wenngleich die immer im Auge des Betrachters liegt – und on top eine nicht alltägliche Aura. Also doch typisch Frau? Eher nicht, vielmehr typisch

Andrea Grübel! Eine Frau in Form eines Mensch gewordenen Magnets im Network-Marketing-Geschäft. Die mit einer fast unbeschreiblichen Leichtigkeit andere in die faszinierende Welt dieses bemerkenswerten Business ziehen kann. Eine Eigenschaft, die in diesem Geschäft natürlich mehr als hilfreich ist, die sie aber perfektioniert hat. Denn die Expansion, der Aufbau einer Orga scheint ihr bei allem Engagement und Einsatz stets grandios zu gelingen. Natürlich, diese außerordentliche Geschäftsfrau ist eben ein Business-Magnet mit besonderer Anziehungskraft ...

Kein Wunder, dass sie nach der Schulzeit als examinierte Krankenschwester aktiv wurde. Eine Aufgabe und zugleich Berufung, und ideal, um ihre stark ausgeprägte soziale Ader einzusetzen und auszuleben. Helfen, unterstützen, für andere da sein – das ist es, was Andrea Grübel ausmacht und zugleich ein Stück weit Definition ihrer zuvor erläuterten magnetischen

Anziehungskraft in Form von Freundlichkeit ist. Kurzum: ein Beruf der zu ihr passt. Konnte sie doch damals noch nicht ahnen, dass ein Business existiert, das noch weitaus besser zu ihr passt. Ja, das ihr beinahe wie auf den Leib geschneidert zu sein scheint. Doch wie gut, dass sie bald davon erfahren sollte. Denn als damals junge, alleinerziehende Mutter treibt sie vor allem eine Sorge um:

für ihren Sohn ausreichend da zu sein und ihm ein gutes, sorgenfreies Leben bieten zu können. Leicht gedacht, schwerer gemacht. Vor allem als Krankenschwester mit unregelmäßigen Diensten und einem eher bescheidenen Einkommen, mit dem so gar kein Auskommen auf Dauer ist. Aber was tun? Not macht bekanntermaßen nicht nur erfinderisch, sie macht vor allem hellhörig. Sie verleiht eine gewisse Sensibilität für Chancen. Und so ist es nicht wirklich überraschend, dass Andrea Grübel etwas genauer und intensiver hinhört, als sie Network-Marketing kennenlernt und erkennt, welche Möglichkeiten sich damit, auch ganz speziell für sie, bieten könnten. Ein Business, in dem auch ihr Vater und dessen Ehefrau schon aktiv sind.

„Freie Zeiteinteilung, den Ort, von wo aus man arbeitet, selbst bestimmen zu können und die verheißungsvolle Aussicht auf ein höheres Einkommen – all das hörte sich für mich in meiner damaligen Lebenssituation beinahe zu gut an, um wahr zu sein. Denn es wäre ja die Lösung all meiner Wünsche und Herausforderungen auf einen Schlag gewesen", macht die heute so erfahrene Networkerin deutlich, die aus eigener bitterer Erfahrung weiß, wie es sich anfühlt, wenn der Monat mal wieder länger dauert als das Geld reicht. Und dabei schämt sie sich keineswegs, diesen Umstand, diese Lebenserfahrung offen preiszugeben. Denn auch das ist Andrea Grübel – nett, offen, ehrlich und bei allem Erfolg demütig bescheiden. Eine solide Bodenhaftung, die wohltut und die das nächste Stück im Puzzle ihrer gesamtheitlichen Freundlichkeit ausmacht.

Doch wie so oft: Was sich in der Theorie so gut anhört, entpuppt sich in der Praxis als eine heftige Herausforderung: tagsüber aktiv im Hauptberuf, wo sie anderen Menschen hilft gesund zu werden. Dazu das mütterliche Kümmern um den „kleinen Sohnemann" und allabendlich zwei Stunden oder mehr in die Network-Marketing-Chance investieren – ein harter, steiniger Weg. Aber auch ein Ausweg. „Ich wollte etwas für uns aufbauen.

Außerdem trieb mich – mal wieder – die Lust und Freude an, auch hier anderen Menschen helfen zu können. Nämlich nicht nur meinem Sohn und mir selbst den Weg in die Freiheit, auch in die finanzielle, zu ebnen, sondern im gleichen Maß dieses Ziel auch für andere realisieren zu können. Das hat mich ungemein motiviert und tut es bis heute in unverminderter Stärke."

Dass dieses Business insbesondere für Frauen eine gewaltige Chance darstellt, eine Antwort auf viele Fragen gibt, das erkennt sie sehr schnell. So ist es nicht überraschend, dass hauptsächlich Frauen das Bild ihrer Orga prägen. „Es ist die beste Möglichkeit zur Selbstverwirklichung, nicht trotz sondern primär mit Kindern und Familie, etwas für die Eigenständigkeit und Unabhängigkeit als Frau aufzubauen. Es ist eine besondere Karrierechance, eine außergewöhnliche und zugleich einzigartige Geschäftswelt, die seit langem überfällige Bedürfnisse und moderne Verlangen von Frauen erfüllt und ihnen gerecht wird", resümiert Andrea Grübel leicht nachdenklich. Wie recht sie hat!

Ihr Network-Motto lautet „TK" – um den Aufbau konsequent und erfolgreich stetig voranzutreiben. „TK" steht für „täglichen Kontakt", ihr gelebtes Expansions-Motto. Und da sie damals bei einer Beauty-Company erstmals richtig durchstartet, absolviert sie nebenher auch gleich diverse Ausbildungsprogramme, sodass sie heute eine wahre Beauty-Expertin und Fachfrau auf diesem Gebiet ist. „Ich wollte mein eigener Chef sein und das in bestmöglicher Weise. Dazu gehört nun einmal auch, dass man Kompetenz im Business besitzt und genau die habe ich mir angeeignet. Man wächst ja mit seinen Aufgaben und Herausforderungen. Das ist ein individueller Entwicklungsprozess der eigenen Persönlichkeit", sagt die erfahrene Networkerin, die es liebt, Teams aufzubauen, auch weil sie mit ihrer Empathie und besagten Freundlichkeit nahezu schier unwiderstehlich ist. „Dabei wuchs ich in meine Rolle hinein, Stück für Stück. Und ich bin mit weit geöffneten Augen durch die Welt gegangen, habe mit Direktkontakten, wo immer diese auch nur ansatzweise möglich waren, andere auf mein Business und damit auf ihre Chance angesprochen – täglich. So arbeite ich übrigens bis heute. Dabei bin ich selbst der beste Beweis für andere. Und zwar, indem ich offen darüber spreche, dass ich einst als Krankenschwester begonnen habe, ohne zuvor eine professionelle Networkerin zu sein. Mein Angebot: Ich nehme andere an die Hand und führe sie, begleite sie auf ihrem Weg. Darüber hinaus mache ich ihnen deutlich: ‚Wenn ihr wirklich euer Warum im Herzen tragt, dann könnt ihr euer Ziel auch erreichen'. Network-Marketing ist eine Mega-Chance, und genau das will ich den Menschen täglich beweisen", erklärt Andrea Grübel, die seit dem Jahr 2004 hauptberuflich

aktiv ist und stets auf ein überaus loyales Team stolz gewesen war.

Ein Umstand, der ihre Führungsstärke einerseits betont, andererseits aber auch ihre so liebenswürdige menschliche Seite ausdrücklich pointiert. Ach ja, wie war das doch gleich mit der Magnetkraft ihrer Freundlichkeit …?

TOLLE MENSCHEN WAREN UND SIND
VOR MIR NICHT SICHER …

Ohne Fleiß kein Preis, bei ihr keine simple Phrase, sondern eine weitere Erfolgs-Zutat. Ob im schon erwähnten Direktkontakt oder über Zeitungs-anzeigen mit Stellenausschreibungen – Andrea Grübel lässt keinen Weg aus und keine Möglichkeit ungenutzt, um ihr Geschäft auf- und auszu-bauen. „Alle, die mir über den Weg liefen, die auf mich einen guten Ein-druck machten, auf mich positiv wirkten, oder etwas Besonderes an sich hatten bzw. ausstrahlten, sodass ich ihnen ein ehrliches Kompliment ma-chen konnte, die habe ich auch angesprochen. Tolle Menschen waren und sind vor mir nicht sicher", lacht die charmante Chancenverteilerin, die im gleichen Atemzug betont, wie sehr sie darauf Wert legt, Führungskräf-te optimal auszubilden, damit der Multiplikationseffekt im Orga-Ausbau möglichst kontinuierlich und effizient vorangetrieben wird.

Andere Menschen auf eine Chance, auf eine berufliche Alternative, auf

ein aussichtsreiches Geschäft anzusprechen allein aber ist es noch lange nicht. Man muss sie zu guter Letzt auch davon überzeugen mitzumachen, aktiv zu werden. Hat Andrea Grübel in dieser Hinsicht auch ein effektives Mittel zur Hand? Genau, man ahnt es beinahe: Es ist ihre freundliche Art, die auch Vertrauen aufzubauen hilft, gepaart mit entsprechender Glaubwürdigkeit und ihrer offen ehrlichen Ausstrahlung. Gesponserte Kandidatinnen und Kandidaten spüren einfach, dass diese erfolgreiche Frau weiß, wovon sie spricht, weil sie den Weg nämlich selbst gegangen ist. Sie führt vor, geht voran statt hinterher, zeigt sich und ihr Tun, statt in falscher Bescheidenheit in den Hintergrund zu treten. Man kann sie sehen, sie erleben, von ihr lernen und sich inspirieren lassen. Und dabei verhehlt sie nicht, dass auch sie – gerade in ihren Network-Anfangszeiten – viele Fehler gemacht hat und auf ihrem Weg nach oben auch ins Stolpern geriet. So sehr, dass sie auch hinfiel. Na und? Es geht im Leben immer um das Wiederaufstehen statt liegenzubleiben. Im Network-Marketing-Geschäft erst recht. Falsche Ansprachen, falsche Erwartungen, aber ebenso falsche Zeitinvestition in die falschen Menschen … „Früher habe ich zu oft und zu lange Mutter Teresa gespielt und war nicht konsequent genug. Weil ich für andere gemacht habe, statt nur vorzumachen. Dadurch habe ich quasi Umsatz für meine Geschäftspartnerinnen und -partner generiert, was diese aber in der eigenen Entwicklung eher gebremst hat."

FRAUEN GEHÖREN NACH VORN INS RAMPENLICHT, WEIL SIE ETWAS ZU BIETEN HABEN ...

Andrea Grübel geht mit der Zeit, und daher nutzt sie für die geschäftliche Expansion ebenso die modernen Social-Media-Kanäle. Und dennoch setzt sie auch heutzutage immer noch gern auf den persönlichen Kontakt in der Direktansprache. Old School? Nein, absolut nicht, denn dieser persönliche, nicht digitale Weg funktioniert – immer noch und weiter. Und darum ist er auch nicht „out" sondern nach wie vor „in". Man muss dieses Handwerk halt beherrschen und so authentisch dabei sein, wie es eben eine Vollblut-Networkerin wie Andrea Grübler beherrscht. Engagement, Empathie, Gefühle, Verbundenheit zur Company, spürbare Loyalität sind gefordert.

„Das ist es auch, was für Frauen als Networker spricht. Wir sind eben doch ein wenig einfühlsamer als mancher Mann, setzen gern und bewusst auf die Kraft der Emotionen, haben damit die Diplomatie eher auf unserer Seite, nutzen sie und sind vielleicht auch ein Stück weit lernbereiter. Das ist nicht unbedingt besser, aber eben anders als bei Männern. Im Gegensatz zu Frauen sind die Herren meistens noch ein Stück weit selbstbewusster, indem sie sich schneller mehr zutrauen. Frauen hingegen neigen meines Erachtens manchmal dazu, ihr Licht zu schnell unter den Scheffel zu stellen, haben oft zu viele Selbstzweifel und sind häufig zu bescheiden, wenn es darum geht, die Zügel in die Hand zu nehmen und sich auch mal ganz nach vorn im Rampenlicht zu positionieren. Dabei könnten gerade sie diesen Part so wunderbar ausfüllen und dabei glänzen. Weil so viele Frauen etwas Großartiges zu bieten haben, nur wissen sie es selbst manchmal gar nicht", erläutert die fachlich versierte Beauty-Expertin, die mit ihrer eigenen Story gerade anderen Frauen immer wieder Mut machen will.

Nur eines beklagt diese so sympathische Business-Lady: „Ich habe auch nach 30 Jahren im Network-Marketing-Geschäft keine zweite Andrea Grübel gefunden. Also eine, die auf die gleichen Werte setzt wie ich, die eine ähnliche Leidenschaft besitzt und den Mut sowie die Lust auf den ganz großen Erfolg hat!", schmunzelt sie und genau dieses Resümee klingt bei der auf ihre Art „einzigartigen Spitzen-Networkerin" eben nicht nach Selbstüberschätzung oder Eigenlob, sondern vielmehr nach einer Sehnsucht nach Menschen, die dieses Business genauso leidenschaftlich lieben, betreiben und leben wie sie selbst – eben wie Andrea Grübel, deren wertvollstes Erfolgswerkzeug zugleich ihre stärkste Tugend ist: Freundlichkeit!

ANDREA GRÜBEL –
spontan gefragt, spontan gesagt

● **Mir ist Erfolg wichtiger als ...**
„... bloßer Reichtum!"
● **Freiheit bedeutet für mich, ...**
„... selbstbestimmt zu leben!"
● **Manchmal möchte ich lieber ...**
„... auch mal weniger arbeiten!"
● **Mein liebster Fehler an mir ist, ...**
„... dass ich eigentlich viel zu viele Schuhe im Schrank stehen habe!"
● **Ich langweile mich, wenn ...**
„... ich keine neuen Geschäftspartnerinnen und -partner sponsere!"
● **Network-Marketing ist ein modernes Business, weil ...**
„... es ein Geschäftsmodell für jedermann und krisensicher ist!"
● **Mein wichtigster Rat an alle Networker lautet, ...**
„... glaubt an euch selbst!"

STEFANIE HONOLD

PM-INTERNATIONAL

FÜR DAS NETWORK-BUSINESS HAT MAN IMMER ZEIT – WENN MAN WIRKLICH WILL

Manchmal ist weniger mehr. Ein geflügeltes Wort und zugleich eine recht unsinnige Aussage. Denn weniger kann nicht mehr sein. Oder doch? Klingt paradox, ist paradox und dennoch ist diese bekannte These eine Widersprüchlichkeit, die bei so manchen äußerst zutreffend ist. Allen voran bei Stefanie Honold. Eine Frau mit gefühlt 1.000 Talenten, mit vielen Kompetenzen. Sie ist vielseitig, klug, gebildet, sprüht vor Energie, vor Tatendrang und Einsatzwillen. Sie ist zudem loyal, familiär, hilfsbereit – und irgendwie auch sympathisch chaotisch. Ein Wirbelwind mit eigenem Kopf, der sie vor lauter Tempo, Spontanität und unbändiger Power auch schon mal auf den einen oder anderen Umweg führt. Ihr Lebenstempo hat dabei regelrecht Formel-1-Charakter – immer Vollgas, immer voller Einsatz, jede Kurve mit Highspeed nehmen und gegen die Fliehkräfte des Alltags knallhart gegenhalten ...

Vom kühlen Wirtschaftsstudium hin zum kreativ-emotionalen Kommunikationsdesign, vom internationalen Agenturleben mitten rein ins gastronomische Dasein auf rein lokaler Ebene. Große, weite Welt gegen kleine, enge, malerische Bodensee-Provinz. Hohe Honorare stehen schwer und mühsam erkämpften Erträgen gegenüber. Geistiger Anspruch versus mentale Unterforderung. Und Stefanie Honold weiß, dass es so nicht weitergehen kann. Bis die Rettung naht. Eine Lösung für inzwischen spürbare gesundheitliche Probleme entpuppt sich als wahrer Glücksbringer für Körper, Geist und Seele. Aus Wohlgefühl wird Berufung, aus Nebenjob entsteht ein Business, aus kleinen Anfängen ein florierendes Unternehmen. Network-

Marketing macht's möglich! Endlich, was nebenbei beginnt, nimmt fast schon unbemerkt und sogar ungewollt Fahrt auf. Ein Kickstart mitten rein ins neue, lang ersehnte Glück – und natürlich wieder mit Vollgas. Push the pedal to the metal! Im Eiltempo Richtung Triumph – Top-Verdienst, Mega-Erfolg und heiß ersehnte Befriedigung. Stefanie Honold ist am Ziel. Und hat zugleich noch so viel vor und noch so große Ziele. All das, in einem Business, das exakt alles braucht, was sie in Hülle und Fülle zu bieten hat: Wille, Kompetenz, Talent und Beständigkeit ...

Wie gut, dass es Freunde gibt. Als nämlich Stefanie Honold eine frühere Abiturkollegin trifft, die ihr vom eigenen Kommunikationsdesign-Studium vorschwärmt, ist es um die angehende Ökonomin, die zu diesem Zeitpunkt immerhin schon das Vordiplom in der Tasche hat, geschehen. „Mein Herz stand in Flammen und ich wusste: Genau das ist es. Ich wollte

endlich auch meine künstlerische Ader, die ohnehin in mir schlummerte, ausleben. Von diesem Weg sollte mich ab sofort niemand mehr abbringen. Auch nicht meine Eltern", nimmt sich die stets wissensdurstige junge Frau vor. Doch sie weiß: Das Gespräch mit den Eltern wird die schwierigste Hürde sein. Ja, der Weg zum Glück kann auch mal dornig sein. Doch Stefanie Honold bleibt standhaft, hält an ihrem Entschluss fest und setzt damit zugleich einen Abnabelungsprozess in Gang.

„Ich bin ein sehr loyaler Mensch, auf mich kann man sich stets verlassen. Mit ein Grund, warum ich meinen Eltern immer sehr dicht aufs Wort gefolgt bin, aber daher mehr ihnen als mir selbst zum Gefallen in bestimmte Richtungen gegangen bin. Das BWL-Studium war dafür ein Paradebeispiel. Doch diesmal blieb ich eisern und habe meinen neuen Studiengang in Konstanz tatsächlich begonnen. Zum Glück, denn ich lernte nicht nur die fachlichen Kompetenzen des Kommunikationsdesigns, sondern darüber hinaus auch meinen Mann kennen ...", lacht die energiegeladene Akademikerin.

Schon zu Studienzeiten starten die zwei diverse Projekte und Kampagnen und für die beiden steht fest: „Nach dem Abschluss machen wir uns selbstständig mit einer eigenen Agentur." Die einen träumen, die anderen machen ernst. Das Ehepaar setzte kurzerhand seine Visionen in die Realität um. Und das mit großem Erfolg. Vom ersten Tag an starten die beiden, die Spitzenabschlüsse in der Benotung ihres Studiums vorweisen können, voll durch. Sie gewinnen Preise, werden für ihre Arbeit prämiert und müssen sich über Aufträge und Angebote keine Sorgen machen. Es läuft, wie es besser kaum laufen kann. Zürich, Wien, Hamburg, New York – die Welt klopft an bei der Designer-Agentur am Bodensee. Doch wie immer hat Erfolg auch seinen Preis. Feierabend? Fremdwort. Urlaub? Noch ein Fremdwort. Work-Life-Balance? Gar nicht dran zu denken. Vielmehr heißt die Devise: Wenn der Tag nicht reicht, nehmen wir noch die Nacht dazu. Job total, 24 Stunden lang. Alles investieren, was Körper und Geist an Kräften zur Verfügung stellen ...

Fast unbemerkt läuft der gastronomische Betrieb der Eltern auf der Bodensee-Halbinsel Mettnau ebenso auf vollen Touren weiter. Nur dass Vater und Mutter nicht jünger werden. Wer die Gastro-Branche auch nur ansatzweise kennt, der wird beurteilen können, wie hart, fordernd und kräftezehrend dieses Geschäft ist. Und dabei dreht es sich nicht um ein kleines Lokal, sondern vielmehr um einen bekannten Familien-Traditionsbetrieb, der schon damals auf mehrere Dekaden Erfolgsgeschichte zurückblicken konnte. Keine Frage: Tradition verpflichtet. Familie gleich noch einmal doppelt mehr. „Meine Eltern haben für diesen Betrieb alles gegeben. Und auch mein Bruder, der dort als Küchenmeister großartige Arbeit geleistet hat, war mit Teil des Ganzen. Also habe ich mich auf eine gewisse Weise auch verpflichtet gefühlt, mitzuhelfen, zu unterstützen. Seit ich fünf Jahre alt war, habe ich immer mit angepackt. Arbeit war mir noch nie fremd, damit bin ich groß geworden", berichtet die heutige Erfolgs-Networkerin von sich.

Die Quintessenz kann man sich schnell vorstellen: Tagsüber kräftig mit anpacken im elterlichen Betrieb und weiter geht es bis in die Nacht hinein in der eigenen mit dem Ehemann geführten Agentur. Arbeit gibt es rund um die Uhr genug. „14 bis 16 Stunden waren mein damaliges übliches Pensum – und zwar sieben Tage durch. Das war absolut normal. So normal, dass ich funktionierte, gar nicht weiter darüber nachdachte. Ich könnte auch sagen: Zum Jammern hatte ich gar keine Zeit. Nein, ich befand mich keineswegs in einem Hamsterrad, das war eher ein gigantisches Riesenrad, das sich um mich herum wie ein Ventilator drehte und das ich zudem noch selbst am Laufen hielt. Kein Wunder, dass sich irgendwann meine Gesundheit bemerkbar machte. Oder besser gesagt: der aufkommende Krankheitszustand", erzählt „Arbeitsbiene" Stefanie Honold.

Heftigste Migräneanfälle sind nur eine Folge dieses Über-Pensums an

Belastung und Arbeit. Was zu viel ist, ist zu viel. Der Körper fing an zu streiken. Eine schon fast zwangsläufige Reaktion. Doch was tun? Einfach ein paar Gänge zurückschalten? Leichter gesagt, als getan. Die Eltern brauchten sie ebenso wie den Erfolg ihres Betriebs. Gleiches galt für die Agentur, die ebenso die hochwertige Expertise der studierten Kommunikationsdesignerin benötigte. „Ein Schlüsselerlebnis sollte in dieser äußerst schwierigen Phase den ersten Hauch an Wende bringen. Ein uns bekannter Küchenmeister, der über die Jahre hinweg stets mit erheblichem Übergewicht zu kämpfen hatte, zeigte sich plötzlich von der wesentlich gesünderen Seite. Hatte er doch sage und schreibe 35 Kilo in rund sechs Monaten abgenommen und war in so guter Verfassung wie schon lang nicht mehr. Das Geheimnis: eine Stoffwechselkur, die er von einer Apothekerin empfohlen bekommen hatte. Und das Ergebnis war offensichtlich. Genau diese Apothekerin saß nur einen Tag später auf Anruf meiner Mutter hin in unserem Restaurant …“, zwinkert Stefanie Honold und man ahnt beinahe, was nun folgen wird.

Erst probiert die „Frau Mama“ die „neuen Empfehlungsprodukte“ und blüht regelrecht auf. Anlass genug, dass nun auch die Tochter erwartungsvoll zugreift und die Produkte nutzt. „Nur drei Tage später habe ich schon die positive Wirkung gespürt. Es war unbeschreiblich. Ja, ich war überzeugt. Ob ich damals schon daran gedacht habe, dass daraus mal ein Geschäft entstehen könnte? Nun wirklich nicht. Ein absolutes und entschiedenes Nein. Und als ich darüber hinaus noch erfuhr, dass es sich hierbei um Network-Marketing handeln würde, habe ich umso rigoroser abgelehnt. Niemals würde ich so etwas machen. Never ever …!“

Sag niemals nie! Das ist nicht nur der Name eines James-Bond-Films, sondern könnte auch als Headline für den zweiten Berufsabschnitt von Stefanie Honold dienen. Denn aus „never ever“ ist heute ein „bigger better" geworden – ein florierendes, agiles, extrem erfolgreiches Network-Marketing-Unternehmen, das die vielseitige, immer quirlige Südbadenerin mit ungeahntem Engagement aber neuer Leichtigkeit des Seins führt. „Vor einigen Jahren hätte ich mir das niemals träumen lassen. Damals habe ich doch schon mehr als 14, 15 Stunden gearbeitet. Und da sollte ich mir noch eine zusätzliche Aufgabe aufhalsen? Wie sollte das denn gehen?", fragt sie sich selbst und gibt auch in einem Atemzug die Antwort: „Zwei Jahre lang waren meine Mutter und ich ‚nur' Kunden und Nutzer der Produkte. Ich kann es nicht anders sagen, als dass dieses Geschäft einfach passiert ist. Mehr nicht, und auch nicht weniger. Es ist passiert, weil wir permanent angesprochen wurden. Denn man sah uns unsere neu erlangte Vitalität wirklich an. Die Leute spürten unsere Energie, wir machten beide einen Eindruck wie neu geboren. Und natürlich fragten Gäste und Kollegen erstaunt nach, wie wir vom ‚Häufchen Elend' zum ‚blühenden Leben' werden konnten. Ja, genauso fühlte ich mich auch. Zu meiner eigenen Bestätigung habe ich damals meine Blutwerte beim Arzt checken lassen und das Ergebnis sprach für sich. So wurde aus anfänglicher Überzeugung innere Begeisterung, woraus dann wiederum ein positiver innerer Feuersturm entstand. Und je öfter ich auf mich und mein vitales Erscheinungsbild angesprochen wurde, tja, da kommt man irgendwann an einen Punkt und empfiehlt das weiter, was einem guttut. Warum nicht? Was mir geholfen hat, kann doch auch anderen helfen. Warum sollte ich mit meinen Erfahrungen und dem Wissen um die Wirkung der Produkte hinterm Berg halten? Dafür gibt und gab es keinen Grund. Also habe ich anderen geholfen. Aber nicht, indem ich bewusst ein neues Business gestartet habe. Sondern einfach nur, indem ich anderen eine Antwort und eine mögliche Lösung gab, wenn ich gefragt wurde. Und ich wurde eben sehr oft gefragt …", erklärt die heutige PM-International-Networkerin ihren quasi schleichenden Einstieg ins Network-Business.

ICH BIN NAHEZU UNBEWUSST INS
NETWORK-MARKETING HINEINGEGLITTEN

Schleichend, weil sie zwar als Partnerin eingeschrieben war – und dies, um Rabattvorteile zu nutzen –, aber selbst nicht mit dem Vorsatz agierte, andere Frauen und Männer von dem Geschäft oder den Produkten zu überzeugen. Nein, sie empfahl einfach und gab alles Weitere an ihren persönlichen und für sie verantwortlichen PM-Kontakt, nämlich ihrer Upline, weiter, damit die sich entsprechend kümmert. „Mir ging es wirklich nur darum, auf Nachfrage entsprechend zu antworten und zu helfen. Dass sich dabei langsam aber sicher eine Downline unter mir aufbaute, nahm ich gar nicht wahr. Noch einmal: Den Vorsatz hatte ich überhaupt nicht. Insofern bin ich wirklich unbewusst in das Network-Marketing-Geschäft hineingeglitten", lächelt die heute so bewusst handelnde Network-Akteurin. Sie betrieb also das Geschäft, ohne das Geschäft betreiben zu wollen. Das schafft auch nicht jeder …

Vollgas im gastronomischen Eltern-Betrieb, mit angezogener Handbremse in der eigenen Agentur und so ganz nebenbei entwickelt sich ein kleines, feines Network-Geschäft – irgendwann ist immer Zeit zum Bekenntnis. Denn nur die Wahrheit bringt auch Klarheit. Und die Wahrheit war: Eine derart gebildete Powerfrau wie Stefanie Honold, die drei Sprachen beherrscht, die unternehmerisch denkt, die kreativ ist …, die kommt geistig in einem Gaststättenbetrieb an ihre Grenzen, was sich wiederum negativ auf das individuelle Lebensgefühl auswirkt. „Der Körper rennt, der Geist, der pennt" – sicher nicht das, was eine Frau wie die heute so engagierte Führungskraft auf Dauer benötigt und befriedigt. Ein Gespräch mit ihrer Network-Mentorin schafft Abhilfe. „Sie machte mir klar, dass es endlich an der Zeit war, einmal voll und ganz an mich zu denken. Zumal sie mir deutlich machte, wie ich mein fast grenzenloses Potenzial nachhaltig und lösungsorientiert in das Network-Business einbringen könnte. Ich spürte, ich werde gebraucht. Das, was ich kann, war hier an der richtigen Stelle einsetzbar und führte zu überaus guten Ergebnissen. Die Frage war nur: Wie konnte ich aus meiner aktuellen Situation rauskommen? Es half nur eine grundehrlich, kompromisslose Selbstreflexion und die ebenso ehrliche Anerkennung des daraus resultierenden Ergebnisses. Denn die Frage für mich war ja: Mache ich die nächsten 20 Jahre noch so weiter, oder ändere ich noch einmal etwas in meinem Leben? Fokussiere ich ab jetzt einmal meinen persönlichen Erfolg, oder arbeite ich weiter für den Erfolg anderer? Ich traf eine Entscheidung und sagte ja zu Network-Marketing. Das war zugleich ein vollständig überzeugtes Ja zu mir selbst. Ich gab mir zwölf Monate Zeit und nahm mir vor, den Balanceakt zu vollbringen, dieses Business in meinen bisherigen Arbeitsalltag zu integrieren. Das wollte und musste ich schaffen. Ein Grund mehr, warum ich es heute nicht akzeptiere, wenn mir jemand sagt, er hätte keine Zeit für Network-Marketing. Ich bin nämlich das beste Gegenbeispiel dafür. Man hat immer Zeit, wenn man will und sich organisiert", betont sie im vollen Brustton der Überzeugung.

Das Paradoxe an der ganzen Situation: Stefanie Honold erduldete ja ohnehin schon vollkommen überfüllte Arbeitstage – und dies beinahe rund um die Uhr. Ihre Lösung: noch mehr Arbeit. Ihr Vorsatz: Durch Network-Marketing endlich aus ihrem Riesenrad auszusteigen, um am Ende mehr Freizeit genießen zu können. Also hieß ihre Formel: Mehr Arbeit für mehr Freizeit! Wenn das nicht paradox ist, was dann? Aber die clevere Networkerin hat die passende smarte Erklärung parat: „Ich habe erkannt, dass mir das Network-Business helfen wird, meine Zeit besser für mich nutzen zu können. Denn mit einem wachsenden Geschäft würde das Einkommen ebenso zunehmen wie die zur Verfügung stehende Zeit. Beides würde mir gleichfalls die Chance bieten, mich aus meinen anderen beiden Wirkungsstätten sukzessive zurückzuziehen. Um das aber alles generell erreichen zu können, dafür müsste ich anfangs eben mehr in mein Network an Zeit und Arbeit investieren. Somit hatte die Gleichung ‚Mehr Arbeit für mehr Freizeit' durchaus ihre Berechtigung. Sie ist aus meinem heutigen Blickwinkel heraus vollends aufgegangen.‟

NETWORK HEISST TEAMWORK – HAND IN HAND FÜR DEN ERFOLG ARBEITEN

Stefanie Honold startet ein Feuerwerk des positiven Wahnsinns, indem sie Kräfte bündelt. Früh morgens und mittags geht sie „all in" – terminiert, sponsert und lädt ein. Und während sie durch das Restaurant der Eltern tobt, erleben ihre Kontakte in einem Saal nebenan regelmäßig Geschäftspräsentationen gemeinsam mit ersten Teampartnern. Denn Network heißt Teamwork. Hand in Hand für den Erfolg arbeiten – so geht das im Network-Marketing und so hat es auch Stefanie Honold gemacht und erlebt. Und der Karrieretrend zeigte nach nur sechs Monaten steil in den Himmel empor. Abschluss- und Registrierungsquote: zwischen 90 und 100 Prozent. Hammer! Das Beste daran: Selbst die nächsten Karrierestufen erreicht die nebenberufliche Networkerin ohne gefassten Vorsatz. Wie ein Boxer, der rein zufällig einen „Lucky Punch" nach dem nächsten landet. Klar wird ihr das erst, als ihre Mentorin sie telefonisch über eine neu erreichte Stufe im Karriereplan informiert. Juli 2016 – Hauptsaison, die Hütte brennt regelrecht vor Besuchern im Lokal. Und dazu fängt das Network-Geschäft langsam an zu boomen. So sehr, dass sich die ehemalige Betriebswirtschafterin nun doch endlich einmal genötigt sieht, eben diesen besagten Karriereplan etwas genauer unter ihre fachliche Lupe zu nehmen. Ding, dong – da rappelt's im Karton. Schlagartig werden der aufkommenden Erfolgs-Networkerin klar, welche gigantischen Möglichkeiten in diesem Geschäft vorhanden sind. Ein erneutes Schlüsselerlebnis!

Zudem macht sie aus ihrer Zeitnot eine Tugend und setzt auf „digital total". „So habe ich nämlich meine Sichtbarkeit signifikant erhöht. Früh morgens zwischen 7 und 8 Uhr ist es einfach schlecht, irgendwo anzurufen. Aber Facebook, Instagram & Co – das geht immer und überall. Also habe ich diese beiden Kanäle genutzt. Und das extrem intensiv, indem ich jeden Tag einen Beitrag erstellt und gepostet habe. Da kommen Traffic und Leben ins Network. Kontinuität ist ohnehin in unserem Geschäft eine wichtige Komponente, die ich immer jedem ans Herz lege", erläutert sie eindringlich.

Die Umsätze steigen, verdoppeln sich sogar von einem Monat zum nächsten im Frühjahr 2017. So nebenberuflich Stefanie Honold auch bis dato unterwegs ist, so fällt ihr dieser Erfolg ebenso auf. „Es wurde immer offensichtlicher, was in dieser Branche möglich ist. Ich sah es ja mit eigenen Augen und entschied dann endlich, volle Energie in das Geschäft und dessen Aufbau zu geben. Das Schönste aber war: Ich merkte, dass ich mein ganzes Potenzial investieren konnte. Endlich hatte ich die passende Möglichkeit entdeckt und gefunden, über mich dermaßen hinauswachsen zu können, wie ich es zuvor nicht einmal zu träumen gewagt hätte", resümiert das erfolgreiche Network-Multitalent.

DANK NETWORK-MARKETING
ANDERE MENSCHEN GLÜCKLICH MACHEN

Sodann spricht sie mit vielen Herzmenschen, für sie entscheidende Schlüsselpersonen, um begeistert ihren Teamaufbau zu forcieren. Als wahrer Teamplayer organisiert sie Powercamps, Teamtrainings und -events, die nachhaltig für diesen Erfolg sorgen. Und sie setzt sich ein weitreichendes Ziel mitten im rasanten Aufwärtstrend: Schafft sie die eine hohe Karrierestufe, wird sie den elterlichen Betrieb für immer schließen, um sich zu 100

Prozent dem Network-Unterfangen zu widmen. Gesagt, getan, geschlossen. Das Traditionslokal an der Bodensee-Halbinsel Mettnau ist seit dem 1. September 2018 geschlossen! Eine rund 50-jährige Ära ging zu Ende, ein neues Network-Zeitalter begann … Eine lange Reise zum Erfolg, mit reflektierender Selbstverwirklichung inklusive intensiver Selbsterkenntnis liegt seither zurück. „Der Druck war endlich fort, das Zuviel an Arbeit war weg und ich war wie befreit – dank Network. Zudem ging es mit den Erfolgen und der Karriere weiter voran und aus Hoffnung wurde Gewissheit. Ich war am Ziel, war endlich dort, wo ich hingehöre und habe die Chance, mit meinen eigenen, persönlichen Möglichkeiten alles zu erreichen, was ich schon immer wollte. Was das ist? Eine Mission und die ist darauf ausgerichtet, Menschen verändern zu dürfen. Ihnen eine neue, vor allem bessere Lebens-Perspektive bieten zu können. Ich kann dank Network andere glücklich machen. Ist das nicht grandios?", atmet die Spätberufene geradezu erleichtert durch und ist dabei extrem emotional berührt. Für sie das schönste Geschenk, andere zu Höchstleistungen zu führen.

Stress war gestern, Freude am Tun regiert hingegen heute das unternehmerische Leben von Stefanie Honold. Sie hat für diese Einstellung und Geisteshaltung eine wunderbare Betitelung gefunden: „Pink Spirit" – das ist Arbeiten mit Freude, Spaß und Leidenschaft. Gemeint ist damit ein klar definierter Weg, der positiven Mehrwert als Inhalt besitzt, der Raum zum Andersdenken bietet, der Kreativität statt steife Denkgerüste in den Vordergrund stellt und Menschen unterhakt, stützt und auf ihrem Weg zum persönlichen Ziel positiv begleitet. Dieser „Pink Spirit" hat die Powerfrau vom Bodensee inspiriert, geformt und neu beeinflusst und selbst überraschenderweise zum Ziel gebracht.

Ja, sie hat es getan – ohne es wirklich zu wissen und zu wollen. Zweifelsohne, das ist mehr als ungewöhnlich, vor allem in modernen Zeiten, wo alles durchgeplant und strukturiert zu sein scheint. Und noch ungewöhnlicher ist dieser „Hoppla-hopp-Weg" für eine derart starke, energiegeladene Frau wie Stefanie Honold. Denn gerade von ihr würde man doch detailverliebte Planung, Zielvorgaben und eine exakt strukturierte Lebenskonzeption vom Feinsten erwarten. Aber nein. Sie hat sich selbst begeistert, selbst rekrutiert, selbst gesponsert, selbst informiert, selbst ausgebildet und ist selbst erfolgreich geworden. Und das unterm Strich, ohne es eigentlich selbst vorsätzlich zu wollen. Ihre größte Motivation ist dabei genau das, was sie ist: Ihre eigene und größte Motivation. Sie lässt sich von ihrem inneren Antrieb inspirieren und überzeugt sich stets aufs Neue selbst. Damit dürfte feststehen, dass nicht nur die Liebe hinfällt, wo sie hingehört, sondern auch Network-Marketing. Denn dieses Business gehört zu Stefanie Honold wie wohl kein anderes ...

STEFANIE HONOLD –
spontan gefragt, spontan gesagt

● **Mir ist Erfolg wichtiger als …**

„… Zeit mit Mittelmäßigkeit zu vergeuden!"

● **Freiheit bedeutet für mich, …**

„… jeden Tag immer wieder zum besten Tag meines Lebens zu machen!"

● **Manchmal möchte ich lieber, …**

„… dass viel mehr Menschen ihr Herz ein- und ihren Kopf ausschalten!"

● **Mein liebster Fehler an mir ist, …**

„… dass ich manchmal zu sehr wie Pippi Langstrumpf bin!"

● **Ich langweile mich, wenn …**

„… sich andere etwas schönreden und sich selbst anlügen!"

● **Network-Marketing bleibt ein modernes Business, weil …**

„… es einen immer und überall zur Höchstform bringen kann!"

● **Mein wichtigster Rat an alle Networker lautet, …**

„… nutze deine Stärken und entwickle dich stets weiter!"

ANJA JUNGBLUTH

Jüngste weibliche Direktionsleiterin

MEIN TEAM VERTRAUT MIR, WEIL ICH DEN BEWEIS FÜR MEINE KOMPETENZ ERBRACHT HABE

W enn das Wort „eigentlich" in einem Kontext verwendet wird, dann ist meist höchste Achtung geboten. Fast automatisch wechselt man ungewollt in den mentalen Alarmzustand. Drückt dieses Adverb doch in aller Regel eine Absicht, einen ursprünglichen Willen aus, der dann aber nicht in die Tat umgesetzt wurde. Aus welchen Gründen auch immer. Bei Anja Jungbluth jedoch steht das Wort „eigentlich" für sehr viel mehr. Vor allem für eine logisch-konsequente Aneinanderreihung von Faktoren, bei der sich ein nicht geplanter Ist-Zustand aus dem nächsten ergibt. Und jedesmal könnte sie diesen mit einer Vokabel beginnend kommentieren: „Eigentlich ...". Denn dass die dynamische Leipzigerin heute eine der erfolgreichsten Beraterinnen im Allfinanzvertrieb ist, hängt unmittelbar damit zusammen, dass sie „eigentlich" Polizistin werden wollte. Wie gesagt ... eigentlich ... Wer ein gutes Abitur in der Tasche hat, für den liegt es meist nahe, zu studieren. Fragt sich nur welche Fachrichtung und an welcher Fakultät? Für Anja Jungbluth stellte sich diese Frage nicht. Ihr war von Anfang an klar: Ich werde Polizistin. Hilfsbereitschaft, ein Faible für Kriminalistik, ein Schuss Vorliebe für Action, ein bisschen Live-Crime on top, bloß keine 0815-Tätigkeit und dazu das Ganze garniert mit einer sportlichen Attitüde – fertig war ihr Wunschberuf. Hatte sie vorsichtshalber noch eine Alternative in petto? Ach was, warum denn? Bewerben, angenommen werden, loslegen – so stellte sich die ehemalige Leistungsschwimmerin ihren künftigen Werdegang vor. Hätte „eigentlich" auch so funktionieren können ... eigentlich. An Selbstbewusstsein mangelt es ihr dabei nicht – damals nicht und heute *nicht. Insofern stand für sie schon vor dem Bewerbungsvorgang bei der Polizei fest: „Den Eignungstest schaffe ich bestimmt irgendwie ...!" Der Glaube an sich selbst ist etwas Wunderbares. Selbstvertrauen ist wichtig, wertvoll und macht mutig. Manchmal vielleicht auch übermütig. Denn sich in dieser Sicherheit wiegend, bereitete sich die entschlossene Aspirantin nicht wirklich auf den Test vor. Die sportlichen Herausforderungen meisterte sie zwar mit Bravour, aber in der Theorie ging der Schuss nach hinten los. Dumm gelaufen. Denn in Ermangelung einer beruflichen Alternative fiel sie nicht nur durch den Test, sondern damit auch in ein perspektivisches Loch. Was tun? Eins war klar: Trübsal blasen und nichts tun war mit Sicherheit keine Lösung. Der Gang zum Arbeitsamt brachte daher etwas mehr Klarheit und die erhoffte Abhilfe. So erfolgte der Startschuss für eine überbetriebliche Ausbildung als Bürokauffrau. Besser als nichts, wenngleich sie insgeheim damit liebäugelte, spätestens in einem halben Jahr den wegen mangelnder Vorbereitung missratenen Test zu wiederholen und damit den Ausflug ins eher ungewollte Bürokauffrau-Dasein wieder zu beenden. Das sollte nur ein kurzes Intermezzo werden. Immerhin wollte sie ja „eigentlich" Polizistin werden ... eigentlich. Darf man es einen Wink des Schicksals nennen, dass sie ausgerechnet in einem Büro der Finanzdienstleistung landete, wo eine Auszubildende gesucht wurde? Aus heutiger Sicht bestimmt. Dass die 19-Jährige vermeintliche Wunsch-Polizistin den anstehenden „Bürojob" aber lediglich als eine notwendige Überbrückung ansah, war schon daran zu erkennen, dass sie mit jugendlicher Unbekümmertheit in zerrissenen Jeans, rosa Wollpulli und Plateauschuhen zum Einstellungsgespräch erschien. Na und – wer kann, der kann. Und Anja Jungbluth konnte, und zwar so gut, dass man ihr sofort den Ausbildungsplatz anbot. Wovon sie ohnehin ja ausgegangen war. Schließlich wusste sie, was sie kann. Vom ersten Tag an spürte sie jedoch, dass hier die Uhren anders ticken. Dieses Finanzunternehmen strahlte etwas unerklärlich Faszinierendes aus. Aber egal, spätestens in ein paar Monaten wollte*

Anja Jungbluth ja den polizeilichen Eignungstest wiederholen. Dann wäre der Job hinterm Schreibtisch eh Geschichte. Denkt sie. Wohlgemerkt: Schließlich wollte sie ja „eigentlich" Polizistin werden, eigentlich ...

Wie sehr das Adverb „eigentlich" bei der heute so erfolgreichen Finanz-dienstleistungs-Unternehmerin richtig platziert ist, ist allein schon daran zu erkennen, dass der ursprüngliche Berufswunsch im Lauf der Zeit mehr und mehr in den Hintergrund trat. Aus „Ich will ...", entstand „Ich werde ...", woraus ein „Ich werde vielleicht ..." folgte, was in einem finalen „Ich wollte eigentlich ..." mündete. Denn was als Übergangslösung begann, wurde nun mehr und mehr zum Beruf, bis sogar die gefühlte Berufung noch hinzukam. Führte die Auszubildende in ihrer neuen Rolle während der Lehre doch gleichzeitig das Backoffice von sieben selbstständigen Vermögensberatern. Und das mit forscher Akribie, schwungvollem Elan, spürbaren Fleiß und behaglichem Charme. Man könnte auch schreiben: Ganz nach Anja-Jungbluth-Art! Ihr Organisationstalent und die Fähigkeit zum Multitasking fielen schon damals extrem positiv auf. Und sie? Auch die junge Lehrlingsfrau beobachtete das Drumherum tagein tagaus sehr genau. „Wenn ich mich dazu entschließe, etwas zu tun, dann mache ich es auch richtig und ziehe es durch. Das war auch in meiner Lehre zur Büro-kauffrau so. Also habe ich vollen Einsatz gezeigt, meinen Chefs den Rü-cken freigehalten, habe ihre Geschäfte entsprechend unterstützt und alles so weit wie möglich für sie vorbereitet, damit sie bestens präpariert und mit ganzer Kraft ihren Job machen konnten. Deshalb bekam ich auch zu-nehmend über die Wochen und Monate hinweg wirklich vollen Ein- und Überblick in das Business. Was gut war, denn ich wunderte mich anfangs schon, dass die Herren stets erst so gegen 10 Uhr ins Büro kamen. Und beim Blick aus dem Küchenfenster der Geschäftsstelle musste ich mir an so manchem Morgen die Augen reiben. Unglaublich, was für schöne Au-tos da parkten. Aber je tiefer ich hinter das faszinierende Karriere-System blickte, desto mehr erklärten sich die ganzen anfangs beinahe außergewöhnlichen Umstände für mich. Meine Fragezeichen im Kopf, meine Unklarheiten, meine Skepsis – all das klärte sich zunehmend auf. Aus Nebel wurde regelrecht Erhellung", erläutert Anja Jungbluth lächelnd.

Lächelnd, weil ihr damals sehr wohl bewusst war, in welch ungewöhnlicher Situation sie sich befand. Ganz weit hinten in der letzten Ecke des Unterbewusstseins schlummerte immer noch latent der Wunsch zur Polizei zu gehen. Zeitgleich aber war sie aktiv als Auszubildende und sah dabei parallel, was auf der anderen Seite dieses Geschäfts, das sie als angehende Bürokauffrau lediglich unterstützte, Unvorstellbares machbar ist. Sie war regelrecht hin- und hergerissen in einem Triangel aus Pflicht, Wunsch und neuartiger Erkenntnis. „Weil ich durch meine Ausbildung den tiefen Einblick in die engagierte und seriöse Arbeitsweise der besagten sieben Finanzcoaches hatte, habe ich einerseits den Wert ihrer Arbeit schnell verstanden. Andererseits aber habe ich auch erkannt, mit welch enormen

Effektivität hier zu Werke gegangen wird und wie effizient hier Geld auch wiederum verdient werden kann. Und zwar verflixt viel Geld. Alles, was ich hörte und was mir erzählt wurde, konnte ich ja aufgrund der Unterlagen und Arbeitsmaterialien bei mir im Backoffice nachprüfen. Und natürlich erkannte ich schnell, dass hier keine Märchen erzählt wurden. Im Gegenteil, mir wurde vielmehr von Tag zu Tag immer bewusster, was für einen Top-Job diese Menschen hier machen. Das, was diese Finanzcoaches und ihre top ausgebildeten Teams taten, war nicht nur eine wirklich hochwertige Arbeit, sondern vor allem die Erledigung einer absolut notwendigen Aufgabe. Ich musste ihre Aktivitäten nicht infrage stellen und ich musste auch nicht nach dem berühmten Haken an der Sache suchen. Weil es nämlich keinen Haken gibt. So einfach ist das! Und – das ist ebenso wichtig – ich entwickelte in kürzester Zeit ein handfestes Grundvertrauen zu den Coaches, zu der Company und zu der wichtigen, sozialpolitischen Aufgabenstellung dieser Frauen und Männer", schildert sie ihre Eindrücke von damals aus einer Arbeitswelt, die so komplett anders ist als üblich und dennoch zugleich so magisch.

Natürlich entwickelte sich bei der inzwischen 20-Jährigen ganz schnell ein Wunsch: „Das, was die machen, will ich auch tun. Denn was die können, das kann ich schon lange!" Wie gesagt: An Selbstvertrauen und Selbstbewusstsein mangelte es ihr nun wirklich nicht. Wer also mit einem derart positiv-sympathisch großen Ego, einem gewissen Maß an Selbstsicherheit und genug Energie ausgestattet ist, eben so wie Anja Jungbluth, der redet nicht, der macht. Ankündigen ist gut, den Beweis anzutreten ist besser.

„Selbstverständlich muss man den Worten auch Taten folgen lassen. Das ist nicht nur in unserem Network-Geschäft so, das gilt doch überall. Aber eine gute Portion Selbstvertrauen schadet nie, vor allem in unserem Geschäft. Das möchte ich gerade als Frau in diesem Business an dieser Stelle betonen und daher alle anderen aufrufen: Frauen traut euch! So vielen fehlt leider auch heute immer noch der Mut, den Mund aufzumachen und sich zu behaupten. Das finde ich so schade. Ich sehe es immer wieder, dass manchen Frauen schlichtweg die Courage fehlt, sich endlich auch einmal große Ziele zu setzen. Wer mich fragt, woran das liegt, dem sage ich: Es ist immer noch die falsche Erziehung im Elternhaus. Zu viele Mädchen gehorchen stets brav, stellen keine Fragen und hinterfragen vor allem zu selten. Sie wollen lieber anderen gefallen, werden so quasi in die Rolle des „Liebseins" gedrängt, und ihr Selbstbewusstsein bleibt dabei auf der Strecke. Für den Arbeitsmarkt da draußen ist das fatal. Egal, ob im Network-Marketing oder in der herkömmlichen Arbeitswelt", bekräftigt Anja Jungbluth ihre These und fügt hinzu, dass Selbstständigkeit und Selbstvertrauen miteinander einhergehen und für einen positiven Karriereweg ihrer Meinung nach unabdingbar sind.

Sie aber hatte beides und startete. Tagsüber in der Lehre zur Bürokauffrau innerhalb des eher ungewöhnlichen Finanzdienstleistungssystems, anschließend nach Feierabend per Kopfsprung mitten rein in diese aufregende neue Working-World mit all den Herausforderungen, Facetten, Spirits und Möglichkeiten. „Ich habe innerhalb der ersten Ausbildung eine zweite Ausbildung genießen dürfen. Eine Lehre in der Lehre. Training on the Job bekommt so bei mir eine völlig neue Bedeutung. Aber, um das gleich deutlich zu machen: Ich habe reingeschnuppert, habe mich ausgetestet. Von steiler Karriere war zu diesem Zeitpunkt noch nicht die Rede. Das war damals auch noch gar kein Ziel. Vielmehr wollte ich vor allem mein mageres Azubi-Gehalt nebenbei aufbessern. Denn von nicht mal 400 Euro im Monat Verdienst lassen sich keine großen Sprünge machen. Da waren verdiente 200 Euro in der Finanzdienstleistung beinahe ein echter Segen und fast schon ein Grund zum Feiern!", lacht die freundlich-smarte Direktionsleiterin rückblickend.

SOCIAL MEDIA IST EIN UNENDLICHER POOL VOLLER KONTAKTE UND MÖGLICHKEITEN

Die Kunst dabei: die beiden Jobs und die damit verbundenen Aufgaben klar voneinander zu trennen. Tagsüber Lehre als Hauptberuf, anschließend Schulungen statt Feierabend im Nebenberuf. „Ich bin eine sehr pragmatische Person. Was nötig ist, muss erledigt werden. Und genau das tue ich auch. Insofern habe ich all das gelernt, gepaukt und geübt, was notwendig war, um in meiner Company an den Start gehen zu können. Heißt: Den Job per se zu lernen, also beispielsweise Gespräche oder Einwandbehandlungen auswendig zu lernen, das war für mich nicht die eigentliche Herausforderung. Schwieriger war es da schon, Menschen in meinem damaligen Alter für das Thema Sparen, Vorsorge und Absicherung zu begeistern. Seien wir doch einmal ehrlich: Mit Anfang 20 denkt ein junger Mensch doch an vieles, aber bestimmt nicht an die Absicherung seiner Zukunft, die noch nicht einmal für ihn gefühlt begonnen hat", bekennt die heutige Finanz- und Vorsorgeexpertin offen. Und dennoch hat sie es gleich zweimal geschafft, ein schlagkräftiges Team aufzubauen. Eben einmal zu Beginn in ihrer Leipziger Heimatregion und dann später in der Nähe von Hannover, wo sie heute mit ihrer Familie lebt. In einem völlig neuen, fremden Umfeld ohne jegliche persönlichen Kontakte baute sie neu auf, indem sie sich damals voll und ganz den Social-Media-Kanälen widmete. Ein schier unendlicher Pool voller wertvoller Kontakte und gigantischer Möglichkeiten für den Geschäftsaufbau, wie sie aus eigener Erfahrung weiß.

Heute kann sie über all diese Situationen mitsamt den Herausforderungen beinahe nur lachen. Kein Wunder, hat sie es doch immerhin zur jüngsten weiblichen Direktionsleiterin in ihrem Unternehmen gebracht: eine Finanzcoachin mit Hirn, Herz und Hingabe. Aber auch, weil sie die Gunst der Umstände nutzte und während der Lehre ihr kleines Network-Unternehmen in noch kleineren Schritten Stückchen für Stückchen aufbaute. Ganz langsam, aber stetig. Bis nach der Ausbildung ihr der sanfte Schubs ins Glück durch einen ihrer sieben Finanzcoaches verabreicht wurde, aus der Neben- nun eine Hauptberuflichkeit im Network-Marketing zu machen. „Man traute mir das zu und ermunterte mich regelrecht, diesen Schritt zu tun. Und wenn ich ehrlich bin, stand diese Entscheidung doch innerlich schon fest. Vergessen war plötzlich der ehemalige

Berufswunsch Polizistin zu werden. Und erst recht bestand keine Sehnsucht, weiter als Bürokauffrau meine Brötchen zu verdienen. Es gab nach der Lehre für mich nur die Entscheidung, beruflich etwas völlig Neues zu starten, oder aber als weiblicher Finanzcoach voll durchzustarten. Das dann aber richtig. Und ich entschied mich zu Letzterem. Für mich hieß es nun: all in! Los geht's! 24 Stunden, sieben Tage die Woche. Denn endlich hatte ich auch die nötige Zeit, um mich auf diese wichtige Aufgabe, nämlich mein kleines, junges Unternehmen aufzubauen, voll zu konzentrieren. Endlich konnte ich für mich selbst da sein und brauchte nicht mehr anderen zuzuarbeiten. Es war zugleich mein Sprung in die Selbstständigkeit. Und was wäre, wenn es nicht klappt? Natürlich habe ich auch daran gedacht. Aber ich war aus meiner Sicht bestens vorbereitet: mit einem guten Abitur und ebenso dem überzeugenden Wissen, was ich kann. Der schließlich daraus resultierende Erfolg gab mir recht, dass ich auf dem richtigen Weg war. Meine Resultate sprachen dabei für sich. So hatte ich nur drei Jahre später meine beiden ‚Betreuer' im Bereich Teamaufbau schon überholt. So viel zum Thema Frauenpower!", erzählt die Finanzcoachin, die mit ihrer Story gerne anderen, insbesondere anderen Frauen, Mut machen will, ihr nachzueifern.

FÜHRUNG BEDEUTET VERANTWORTUNG –
OHNE KONTROLLE IST FÜHRUNG SUBSTANZLOS

Gibt es ein Geheimnis für diesen Erfolg? Oder liegt es „nur" daran, dass sie während ihrer Lehre einfach das Thema komplett aufsaugen konnte, sich testete und ausprobierte und so peu à peu den für sie besten Weg zum Erfolg fand? Unterm Strich war es die wertvolle Erkenntnis, dass das Fundament stimmen muss. Denn nur wer etwas auf einer soliden Grundlage aufbaut, der kann davon ausgehen, dass dieses Bauwerk auch sicher steht. Das Fundament für Anja Jungbluth ist in diesem Fall eine hochwertige, nachhaltige und praktisch anwendbare Ausbildung. Gekoppelt mit ehrlicher, transparenter und authentischer Führungsarbeit.

„Ausbildung und Führung mit Herz – das ist mein Thema und meine wirkliche Stärke. Wohl auch, weil ich das selbst von der Pike auf erlebt und durchlebt habe. Heute weiß ich, wie wertvoll, hilfreich und nützlich eine extrem gute Ausbildung ist. Darum lege ich darauf auch allerhöchsten Wert. Mit dem Ergebnis, dass ich sagen kann: ‚Mein Team steht für Erfolg, weil meine Partnerinnen und Partner das beste Rüstzeug in Form von Wissen dafür vermittelt bekommen. Denn das ist zugleich meine Verantwortung ihnen gegenüber!' Nicht, weil ich mich für so gut halte, sondern weil meine Partnerinnen und Partner einfach extrem solide und bis ins kleinste Detail ausgebildet und absolut fit für den Job sind. Um dieses Ziel zu erreichen, spielt transparente Führung eine wesentliche Rolle. Ein Faktor bei mir heißt Kontrolle. Vertrauen ist gut, Kontrolle ist besser. Ich

kontrolliere die Leistung und die Performance aber nicht des Kontrollierens wegen, sondern weil mir der Erfolg jeder Partnerin und jedes Partners am Herzen liegt. An dieser Stelle vielleicht dafür einmal ein Beispiel: Eine Geschäftspräsentation muss gelernt werden. Was sage ich und wie sage ich es? Wenn eine Partnerin oder ein Partner sich mit mir darauf verständigen, dass diese Aufgabe bis zum Termin x gelernt und beherrscht wird, dann verlasse ich mich auf die gemachte Zusage. Auch, indem ich an diesem Tag das Wissen und Können entsprechend abfrage und überprüfe. Noch einmal: Führung ohne Kontrolle ist substanzlos. Außerdem baut sich auf diesem Weg zunehmend eine gegenseitige Gewissheit auf, die letztendlich in Vertrauen mündet, weil ja mit der gemachten Zusage eine gegenseitige Vereinbarung getroffen wurde. Ich gebe das Versprechen dafür zu sorgen, dass sie oder er mit mir zusammen erfolgreich wird. Im Gegenzug committet sich die oder der andere, das dafür entsprechend Notwendige zu tun, was halt getan werden muss. Das fühlt sich vielleicht im ersten Moment für eine Partnerin oder den Partner nicht nach unternehmerischer Freiheit und Selbstständigkeit an. Mag sein, ist aber ein Stück weit der Weg dorthin, der gegangen werden muss. Und diese erste Etappe heißt eben ‚absolut persönliche Führung'. So kann ich aber wiederum sicherstellen, dass die Basis für den künftigen Erfolg als Finanzcoach grundsolide erbaut und damit vorhanden ist. Es ist doch weitaus besser ein Szenario intern zu üben und sicher im Job zu sein, als wenn jemand draußen beim Kunden scheitert oder ins Schlingern gerät. Dafür ist unsere Aufgabe, die wir zu erledigen haben, zu wichtig und wertvoll", betont die engagierte Direktionsleiterin und ergänzt: „In einer guten Ausbildung wird erst die spätere Qualität der Teammitglieder geformt und geprägt. Das ist, als ob man aus einem Rohdiamanten einen funkelnden Brillanten schleift. Deshalb sprechen bei mir Taten für sich und keine bloßen Phrasen!"

MEIN TEAM VERTRAUT MIR, WEIL ICH DEN BEWEIS FÜR MEINE KOMPETENZ ERBRACHT HABE

Wobei sie deutlich macht, dass niemand bei ihr zum Glück gezwungen wird. Wie auch, wo sie ja gegenüber den selbstständigen Partnerinnen und Partnern nicht – wie in einem üblichen Anstellungsverhältnis – weisungsbefugt ist? „Ich freue mich total über unseren guten, intakten und engagierten Teamspirit. Wir sitzen alle in einem Boot und haben ein Ziel, nämlich die Menschen da draußen so gut wie nur möglich zu beraten und Ihnen die beste Lösung für ihre Herausforderungen zu erarbeiten. So etwas geht nur, wenn man in einer Richtung arbeitet. Und das klappt, auch wegen einer transparenten, herzlichen und ebenso effektiven Führung, bei der jeder weiß, dass ich immer mit mir reden lasse. Man kann immer zu mir kommen, weil ich für mein Team stets ein offenes Ohr habe. Und bitte, man darf eines nicht vergessen: Ich bin jung, bin eine Frau und habe anderen per se nichts zu befehlen. Trotzdem ziehen wir alle an einem Strang. Ich würde immer jemand anderem zugestehen, seinen eigenen Weg zu gehen bzw. seine eigene Strategie auszuprobieren. Warum auch nicht? Wäre das erfolgreich oder gar erfolgreicher als meine Methode, wäre ich die Erste, die das auch anerkennen würde. Diesen Freiraum biete ich immer an. Dennoch ist es in der Tat so, dass die Frauen und Männer, die ich mit viel Herz und Gewissen führe, mir vertrauen und folgen. Auch, weil ich als bestes Beispiel vorangehe und somit der offensichtlichste Kompetenzbeweis bin. Ja, ich habe bewiesen, dass ich meinen Job gut mache. Vor allem deswegen vertrauen mir andere auch!", sagt Anja Jungbluth und legt dabei zugleich größten Wert darauf, anderen nichts zu versprechen, was sie nicht auch wirklich in die Realität umsetzen kann. Denn genau das hält sie für eine der Hauptursachen, warum so viele Frauen und Männer in dem Business starten, aber leider auch wieder aufhören.

„Unser Geschäft setzt auf Ehrlichkeit – den Kunden und den Menschen in unserem Team gegenüber. Beide gilt es an die Hand zu nehmen, auch klar zu kommunizieren, dass Network in der Allfinanz viel Spaß nach sich zieht, aber nicht nur Spaß ist. Es ist zuerst einmal ein Geschäft, dass gelernt und dann beherrscht werden muss. Unser Business ist Arbeit. Und daran gibt es nichts schönzureden. Wir wissen doch, das nur nachhaltiger Erfolg erzielt wird, wenn der einzelne Kunde spürbar im Mittelpunkt unseres Tuns steht. Vor allem, weil er heute um ein Vielfaches aufgeklärter und informierter ist als früher. Der daraus später resultierende Erfolg für einen Finanzcoach, der macht letztendlich wiederum sehr viel Spaß. Es macht schon Sinn, dass unser Slogan ‚Menschen brauchen Menschen‘ heißt – ein Motto mit Esprit und eines, das wir alle leben, für den ganzheitlichen Erfolg!"

Und den hat die Mutter einer kleinen Tochter und glückliche Ehefrau auf alle Fälle. Eben, weil sie ihr Geschäft absolut beherrscht, täglich 100 Prozent an Energie investiert und sich heute sicher ist, für diesen Beruf im Network-Marketing fast auserkoren zu sein. Es ist eine Berufung, die als Auszubildende zur Bürokauffrau begann, wo sie die weibliche Assistenz

von Führungskräften war. Wie sich die Zeiten ändern können. Denn mittlerweile hat die engagierte Unternehmerin selbst eine Assistenz – allerdings eine männliche. Noch ein weiterer Beweis für die herrschende Gleichberechtigung im Network-Business, die in alle Richtungen zielt und gültig ist. Ein wichtiger Wert der Branche. Zugleich einer von vielen, denn den Faktor Erfolg macht Anja Jungbluth gleichermaßen von Werten abhängig. „Natürlich habe ich Erfolg anfangs eher aus dem materiellen Blickwinkel heraus betrachtet. Ein schickes Auto fahren zu können, schick wohnen usw., aber all das ist eben rein materiell. Heute würde ich Erfolg anders definieren. Nämlich die Freiheit zu haben, mit den richtigen und für mich wichtigen Menschen zusammen sein zu dürfen, mit ihnen Zeit zu verbringen. Es geht darum, meine mir zur Verfügung stehende Zeit für mich wertvoll und sinnvoll zu investieren und zu nutzen. Darüber selbst bestimmen zu dürfen, das macht heute für mich im Wesentlichen Erfolg aus. Dabei sind die richtigen Menschen im privaten Bereich natürlich meine Tochter und mein Ehemann Harald. Auf der anderen Seite sind es Menschen, die gleich oder ähnlich ticken wie ich, die die gleichen Werte teilen, ähnliche Ansichten haben ...!", definiert die gebürtige Sächsin den Faktor Erfolg.

Und diesen Erfolg macht sie ganz bewusst sichtbar. Mit dem Bekenntnis zur Company, zum eigenen Karrierelevel – beispielsweise, indem sie die Symbole der Zugehörigkeit in Form einer Nadel im Revers immer und überall an sich trägt, an der auch ihr Erfolgsrang abzulesen ist. „Sich sichtbar machen, auch den Mut zu haben, nicht nur zu sich, zur Arbeit sondern auch zu dem zu stehen, was man bisher schon geleistet hat, das ist wichtig. Gerade als Frau. Mut haben, sich zeigen, sich beweisen, nach vorn gehen, den Mund aufmachen. Sagen, was man denkt, sich einbringen und dabei getrost ausblenden, was vielleicht andere über einen denken und reden. Das ist so notwendig, um gehört zu werden und nicht als stilles Mäuschen im Strom mitschwimmen. Darum engagiere ich mich auch in unserem ‚Women for Future'-Team. Noch einmal: Ich will, dass Frauen sichtbar sind oder sichtbarer werden. Das haben wir Frauen uns verdient – weil wir es können! Wir haben dieses Team aus sieben weiblichen Führungskräften gegründet, die alle zwei Jahre einen ‚Women for Future'-Kongress für die besten 400 weiblichen Beraterinnen organisieren, um das Thema Frau innerhalb unserer Company noch weiter zu fördern und verstärkt Akzente auf die Kompetenzen und Erfolge der Frauen zu legen. Darüber hinaus finden zudem zahlreiche Netzwerktreffen für Frauen regional statt. Es geht um Chancengleichheit in der Karriere, Vereinbarkeit von Beruf und Familie, weibliches Unternehmertum und vieles mehr. Ich weiß, dass aus diesem Projekt etwas wirklich Großartiges entstehen wird und auch schon entstanden ist. Das fängt schon damit an, dass alle Frauen, die mitarbeiten,

innerhalb der Company bekannt sind und somit eine wichtige Vorbild-
funktion für andere mit übernommen haben", erklärt die Finanzcoachin.

Empathie, Sympathie, Charme, Vertrauensbildung – alles Faktoren und
Werte, die Frauen im Allgemeinen auf sich vereinen und die so wichtig
im Network-Marketing-Business sind. Und dennoch sind gerade in der
Finanzdienstleistung Frauen immer noch auffällig unterbesetzt. „Gerade
deshalb wollen wir daran mit unserem ‚Women for Future'-Kreis etwas
ändern. Vorbild sein und anderen Frauen zeigen, dass es geht, ist aber nur
eine Seite der Medaille. All die vorgenannten Werte und Eigenschaften
sind extrem wichtig für den Erfolg in unserer Branche und es stimmt, dass
diese insbesondere bei vielen Frauen auffällig stark vertreten sind. Und
dennoch gibt es einen Aspekt, der immer wieder unterschätzt wird, der
aber bei vielen Männern ausgeprägt vorhanden ist: Das ist der Mut. Der
Mut aus der eigenen Komfortzone zu kommen. Raus aus der Deckung.
Im Network genügt es eben nicht, nur das zu tun, was man ohnehin schon
kann. Man muss Neuem gegenüber aufgeschlossen sein, sich ausprobieren
wollen und den Mut haben, sich auf Neues einzulassen. Es auch wollen.
Denn ich stelle immer wieder fest, dass selbst starke Frauen sich so eine
Karriere im Network-Marketing nicht wirklich zutrauen. Eben weil ihnen
oftmals der Mut fehlt, Dinge außerhalb ihrer Komfortzone vorbehaltlos
anzupacken", analysiert die versierte Finanzdienstleisterin.

Das, was sie noch bei anderen vermisst, hat Anja Jungbluth als Quintessenz aus ihrer Erziehung durch ihr Elternhaus mitgebracht. Den Rest hat
sie über die Jahre hinweg von erfolgreichen Frauen gelernt, bei denen sie
sich viel Know-how abgeschaut hat. Eben weil sie sich aus ihrer eigenen
Komfortzone getraut hat. Heute ist die erfolgreiche Network-Führungskraft eine gestandene Unternehmerin. Eine, die weiß, was sie kann, die
weiß, wie das Business funktioniert, die erkannt hat, wie wichtig Füh-

rung und Ausbildung in ihrer Branche sind. Eine selbstbewusste Frau war sie schon immer. Erfolgreich hat sie sich aus eigener Kraft gemacht. Und obendrein ist sie nicht nur eine absolut überzeugte Finanzcoachin, sondern vor allem eine mehr als leidenschaftliche Netzwerkerin – und dabei wollte sie doch „eigentlich" nur Polizistin werden ... eigentlich.

ANJA JUNGBLUTH –
spontan gefragt, spontan gesagt

● **Mir ist Erfolg wichtiger als ...**
„... Schuhe, außer Sneaker!"
● **Freiheit bedeutet für mich, ...**
„... nicht kochen zu müssen!"
● **Manchmal möchte ich lieber ...**
„... hin und wieder länger ausschlafen.!"
● **Mein liebster Fehler an mir ist, ...**
„... dass ich ‚eigentlich' keinen kenne!"
● **Ich langweile mich, wenn ...**
„... ich nicht gefordert werde!"
● **Network-Marketing bleibt ein modernes Business, weil ...**
„... die Chancen unendlich bleiben und Menschen immer Menschen brauchen werden!"
● **Mein wichtigster Rat an alle Networker lautet, ...**
„... probiert es aus – am besten bei mir ...!"

JULIA BAYLAN

RINGANA

WENN EINE WAHRHAFTIGE „NETWORK-FIGHTERIN" DEN ERFOLGS-TURBO ZÜNDET

*S*chnell, schneller, Julia Baylan ... wow, diese Frau hat Highspeed, Schnelligkeit und Karrieretempo aber mal so was von neu definiert und dabei gleich eine Benchmark gesetzt, die sich mehr als gewaschen hat. Halleluja! Ganze zehn Monate hat diese Powerfrau mit Donnerhall benötigt, um in ihrer Partner-Company die höchste Stufe zu erreichen. Wer jetzt glaubt, sich verlesen zu haben, für den schreiben wir es gleich noch einmal: zehn Monate für die höchste Stufe im Karriereplan! Stufe 10 stabil – denn die Position hat sie schon zigmal wiederholt und damit bestätigt. Julia Baylan, eine „Speedy-Gonzalez-Networkerin", eine wahr-haft „grüne Rakete" im modernsten Business unserer Zeit. Grün? Ja, weil ihre Partner-Company voll auf Natur, Natürlichkeit, Nachhaltigkeit, Ge-sundheit und Umwelt setzt. Wer ihre Geschichte kennt, der wird wohl nie wieder behaupten, Erfolg hätte etwas mit Glück zu tun oder mit der Gunst einer talentreichen Geburt. Nichts da, denn die impulsive Erfolgs-Lady ist vom Glück im Leben eben gerade nicht verwöhnt worden. Als Opfer eines brutalen Verbrechens wurden ihr sogar alle bisherigen Lebensträume auf grausamste Art genommen und zerstört. Aber sie hat sich zurückgekämpft, hat die Herausforderungen des Lebens angenommen, sich den Aufgaben und Hürden gestellt und ihr Leben nicht nur wieder in den Griff bekom-men, sondern ist die Erfolgsleiter erneut zielstrebig hinaufgeklettert. Bis ein kleines, gemeines Virus aus China die Welt in Atem hielt und die dar-aus folgende Pandemie wiederum alles zu zerstören drohte, was diese be-eindruckende Kämpferin sich gerade zusammen mit ihrem Ehemann neu *aufgebaut hatte. Doch wenn der Druck am größten ist, dann zerbrechen die einen, während die anderen stärker denn je aus solchen Situationen hervortreten. Man bedenke: Auch Diamanten entstehen unter größtem Druck. Julia Baylan ist so ein Mensch gewordener Edelstein. Sie ist heute stärker denn je, strotzt geradezu vor mentaler Schaffenskraft. Dabei kämpft sie wie eine Löwin – für ihre Familie, ihre Karriere, ihr Team und für ihre nächsten persönlichen Ziele im Network-Marketing. Auch wenn sie scheinbar schon alles erreicht hat – wie gesagt, nach lediglich nur 10 Monaten ...*

Was lässt einen Menschen über sich hinauswachsen? Lust am Tun, Kompetenz, Wille oder einfach nur eine Situation, die einem bewusst macht: Aufgeben ist keine Option! Und dann ist er da, der Druck der schlimmsten Art. Ein Druck der schmerzhaften Umstände, der einen bewegt, auch wenn es noch so schwer ist. Genau diesen Druck kennt Julia Baylan nur zu gut und ebenso die Umstände, die einen vor Kummer und Sorgen zu erdrücken scheinen.

Es ist gar nicht so lange her, da hüpfte die energiegeladene Frau durch die Universität von Bonn, lauschte den Vorlesungen ihrer Studiengänge Medienwissenschaft im Haupt- und Germanistik sowie Philosophie im Nebenfach. Ihr Berufsziel: Journalistin werden. Passend dazu: Parallel zum Studium war sie schon als Werkstudentin beim Kölner Sender RTL in den Redaktionen bei Markus Lanz und Nazan Eckes und somit von „Explosiv" tätig. Und da zu dieser Zeit gerade ein Moderatoren-Casting abgehalten werden sollte, war für die junge Frau klar: „Da gehst du hin! Das ist deine Chance!" Denn sie selbst sieht sich ohnehin eher vor der Kamera als hinter dem Redaktionsschreibtisch. Und wer sie ansieht, kann nur zustimmend nicken: attraktiv, schlank und mit dem passenden „Mundwerk" ausgestattet. Das alles schrie geradezu nach einer TV-Karriere. Bis nur ein

Augenblick all ihre Träume zunichtemachen. Ein Augenblick des Grauens im Jahr 2010, in dem ein barbarisches Verbrechen an ihr begangen wird. Auf dem Weg nach Hause wird sie von drei brutalen Männern erbarmungslos zusammengeschlagen. Die Schmerzen, die Pein, die Schmach sind es nicht allein, die diese junge Frau im Nachhinein quälen. Auch nicht die Wunden. Vielmehr die niederschmetternden Folgen: Das Trauma der Gewalttat und Verletzungen lösten einen Herpes Zoster aus, auch Kopfgürtelrose genannt. Die fatalen Auswirkungen davon wiederum waren u.a. eine halbseitige Gesichtslähmung sowie schwerste Spracheinschränkungen. Damit stand fest: Aus der Traum von einer Karriere vor der Kamera. Kaum jemand wird sich vorstellen können, was sich im Inneren der jungen Frau abspielte. Wünsche und Träume zerplatzt wie eine Seifenblase. Und dazu das eiskalte Urteil der Ärzte: Die Lähmung mit allen Randerscheinungen wird für immer bleiben.

„Dass selbst ich, als eine sonst so lebenslustige Frohnatur, damals in eine depressive Phase fiel, kann sich wohl fast jeder vorstellen. Ich war komplett am Abrutschen in ein tiefes dunkles Loch. Und auch alles andere um mich herum gab mir keinen Anlass zur Zuversicht. Kein Gesicht, kein Job, kein Einkommen – tiefer konnte es nicht mehr gehen. Ja, ich gebe es offen zu: Ich hatte eine Entscheidung zu treffen: und zwar leben oder nicht? Doch mit der Fragestellung wusste ich auch schon die Antwort: Ich wollte zurück ins Leben. Innerlich fühlte ich, dass da draußen noch so viel Gutes auf mich wartet. Ich muss nur die Tür öffnen und es hereinlassen“, weiß sie heute zu berichten und lächelt zuversichtlich.

Recht hatte sie: Wer sich zum Glück hinwendet, dem scheint es auch entgegen. Julia Baylan kann das nur bestätigen, denn genau in so einer Phase lernte sie ihren heutigen Ehemann und Vater ihrer beiden süßen Kinder kennen. Wie stark die Verbindung der beiden ist, zeigt sich daran, dass ihr türkischstämmiger Ehemann schon nach einer Woche um ihre Hand anhielt. Na, wenn das keine Liebe ist? Nicht nur, er war zugleich für sie ein Quell des Lebens. An ihn konnte sie sich lehnen, sich an ihm aufrichten und durch ihn Energie tanken, um voller Zuversicht die Herausforderungen des Alltags annehmen und bewältigen zu können. An seiner Seite kehrte sie mehr und mehr zu alter Dynamik und Power zurück. Die alte neue Julia Baylan war wieder da!

Aber von Luft und Liebe allein lässt es sich bekanntermaßen nicht wirklich leben. Was also tun, damit nicht nur das Familienglück poliert ist – sondern das Konto auch. „Mein Mann ist Friseurmeister, hatte aber die Nase vom Mindestlohn im Angestelltenverhältnis gestrichen voll. Da kann man noch so viel und so hingebungsvoll arbeiten, man kommt einfach nicht auf einen grünen Zweig. Und als Familie erst recht nicht …", betont die heutige Turbo-Networkerin. Aus zwei mach eins! Sein Beauty-Handwerk

und ihre latente Affinität, Menschen positiv auf dem kosmetischen Weg zu verändern, bringt die rettende Idee. „Wir haben einen schicken Beauty-Salon eröffnet. Denn durch meine Entstellungen musste ich ja selbst schon immer bei mir für ein entsprechend aufgepimptes Äußeres sorgen. Warum also nicht auch andere Menschen über diesen Weg noch mehr verschönern …?", stellt sie fragend in den Raum.

MAN MUSS TUN, WAS ZU TUN NÖTIG IST – DA KOMMT NIEMAND DRUM HERUM

Doch ein Beautysalon ohne Kundschaft hilft im Bereich Einkommens-generierung auch nicht gerade weiter. Was also tun? Julia Baylan packte an und traute sich was: Sie füttert diverse Social-Media-Kanäle mit selbst gemachten Filmchen. Stets dabei die Hand vor ihrem Mund, weil sie ihre Verletzungen und Lähmungen nicht so offen präsentieren will. „Ich habe mich so sehr wegen meines Äußeren geschämt, aber es ging ja nicht anders. Wenn wir nämlich nicht nach wenigen Wochen in die Pleite rutschen wollten, brauchten wir Kunden. Also hieß auch hier meine Losung: ‚Raus aus der Komfortzone und loslegen'. Auch wenn es noch so unangenehm für mich war. Man muss tun, was zu tun nötig ist. Da kommt man niemals drum herum. Das gilt übrigens für meine heutige Network-Arbeit ganz genauso", erläutert die geprüfte Pigmentistin, die heute so erfolgreich das Network-Marketing-Geschäft betreibt.

Julia Baylan zieht es durch, ebenso konsequent wie beeindruckend. Sie stellt sich in die Fußgängerzone und verteilt Flyer, kreiert über ihren Instagram-Account Storys und immer mehr Leute hören ihr zu. Bis zu guter Letzt auch der Laden zu brummen anfängt. „Meine Follower mochten das, was ich zu erzählen hatte und auch im Salon wuchs die Zahl der Kunden von Tag zu Tag. So sehr, dass wir Kundschaft aus allen Teilen Deutschlands, aus der Schweiz und Österreich glücklich machen durften. Ja, ich kann getrost sagen, der Salon ging regelrecht durch die Decke, bis …!"

… bis die Corona-Pandemie im März 2020 die Welt zum Anhalten zwang, Deutschland samt der Wirtschaftskraft regelrecht ausbremste, und damit auch den Erfolg des Beautysalons von 100 auf 0 drückte. Aus! Türen zu! Wegen Pandemie geschlossen! Keine Kunden, keine Einnahmen. Und als wenn das per se nicht schon schlimm genug wäre, tauchten neue Sorgen am Horizont der Familie Baylan auf. Denn: Vom bisherigen Erfolg beflügelt, hatte sich das „Beauty-Ehepaar" auf ein neues Abenteuer eingelassen: Hausbau mit integriertem Beauty-Studio in Kruft! Ein Projekt von beachtlicher Dimension nebst gewaltigem Kostenaufwand. Die Millionen-Finanzierung? Frisch durchgeboxt – aber zu einer Zeit, wo noch niemand auch nur den Namen „Corona" kannte, geschweige denn die Folgen, die dieses fatale Virus nach sich ziehen sollte.

„Auf einmal hatten wir einen Kostenfaktor in unserem Leben, der wie ein Klotz am Bein hing. Auf der anderen Seite aber keine Einnahmen mehr. Oha, da wird einem aber schnell mulmig zumute. Doch eines hatte ich gelernt: Kopf in den Sand stecken? Nein, das bringt nichts. Verzagen ist keine Lösung. Weiter geht es immer, fragt sich nur auf welchem Weg. Aber genau über diesen besagten Weg entscheidet jeder selbst. Niemand anders. Ich wusste, dass ich an mich und an das Gute glauben musste. Die Erfahrung hatte ich doch auch bei meinem letzten Schicksalsschlag gemacht. Wir alle wissen: Was einmal klappt, klappt auch ein zweites Mal. Und tatsächlich – ich begegnete meiner heutigen Mentorin, eine zugleich langjährige Bekannte von mir. Eine Frau, die seit jeher mit heftigen Hautproblemen und Hautunreinheiten zu kämpfen hatte. Doch plötzlich stand die vor mir und hatte ein Hautbild, rein und glatt wie ein Kinderpopo ...", weiß die rasante Ringana-Führungskraft zu berichten.

Natürlich stellte das „personifizierte Haut-Wunder" ihrer Freundin mit absoluter Beauty-Expertise die Produkte und die geschäftlichen Möglichkeiten vor. „Das war das erste Mal, dass ich nicht nur beeindruckt, sondern komplett überzeugt war. Diese Produktwelt war für mich einfach nur ehrlich. Deswegen passte sie auch zu mir. Und im gleichen Moment wusste ich: Hier ist der Ausweg aus meiner Misere. Da ist es wieder: Das ‚Geschenk von oben', man muss eben an das Gute glauben. Und ich habe daran geglaubt, dass mein Kampf davor nicht vergebens war ....", lacht die Power-Networkerin und ergänzt: "Die Chance habe ich sofort erkannt und daher auch genutzt. Denn mein ,Warum' war nun wirklich groß genug. Es ging bei mir um alles – um meine Familie, um die Verwirklichung unseres Traumhauses, um mein Lebensglück. Also wenn das keine Gründe sind, was dann?"

SOCIAL MEDIA – DIE WELT SOLLTE WISSEN, WAS ICH ANZUBIETEN HABE

Vor allem war es Grund genug, Vollgas zu geben. So sehr, dass in den besagten zehn Monaten scheinbar Unmögliches möglich werden sollte. "Natürlich habe ich meinen Social-Media-Account, der heute über 32.000

Follower zählt, genutzt und habe die aktuelle Story über mein neues Business promotet. Die ganze Welt sollte doch wissen, was ich jetzt anzubieten hatte. Und ja, anfangs dachte ich, es geht primär um den Direktvertrieb, also bringe ich die hervorragenden Produkte, die meine Partner-Company zu bieten hat, an die Frau. Sponsering? Teamaufbau? Expansion? Ach was, davon hatte ich zuerst absolut keinen Plan. Ich hatte doch

von Network-Marketing zu diesem Zeitpunkt überhaupt keine Ahnung
…", bekennt Julia Baylan frei heraus. Als sie dann aber eines Tages die
Abrechnung ihrer Mentorin sah, erkannte sie, was hier scheinbar alles
machbar ist: „Die verdiente das, was ich so dringend brauchte. In meinem
Hinterkopf pochte immer wieder der Hauskredit, der erbarmungslos ab-
bezahlt werden wollte. Daher hatte ich nur ein Ziel: fünfstellig pro Monat
verdienen und zwar so hoch, wie es nur geht. Es war eine Entscheidung
aus der Not heraus, Geld verdienen zu müssen. Also legte ich los, ganz
einfach …", grinst sie und weiß dabei ganz genau, dass „ganz einfach"
stark untertrieben ist.

Ihr Vorteil – ein intaktes Netzwerk, das sie auf Instagram kontinuierlich
bespielt. Der Produktverkauf fängt zu laufen an. Doch plötzlich wundert
sich die Neo-Networkerin, dass auch mehr Freundinnen und Follower mit
ins Business einsteigen. Die Anzahl der Firstliner steigt stetig – und damit
auch das Einkommen. Julia Baylan kann sich gegen den Erfolg beinahe
gar nicht wehren. Sie erntet nämlich die Früchte, deren Samen sie lange
zuvor gesät hat. Und dies aus einem schmerzhaften Grund: den Folgen des
Verbrechens an ihr.

Was kann aber eine Frau, die trotz schwerster Schicksalsschläge alles erreicht hat, selbst überhaupt noch erreichen wollen? Wie motiviert sie sich?
„Mein ‚Warum' ist und bleibt meine größte Motivation. Denn jeder weiß:
Mehr geht immer! Andere Ziele muss ich mir allerdings selbst suchen und
stecken, denn neue, weitere Karrierestufen gibt es ja für mich nicht mehr
zu erreichen. Jedoch steht eine Motivation vor allem: Ich möchte für andere ein Wegweiser sein. Das ist ein Stück weit ein Lebensinhalt für mich",
betont sie und bekräftigt, ein Vorbild für andere sein zu wollen, wenn es
darum geht, niemals aufzugeben. Julia Baylan ist ein Paradebeispiel für
eine „Fighterin". Hinfallen kann man immer, aber es geht darum, wieder
aufzustehen. So, wie diese beeindruckende Frau immer wieder aufgestan-

den ist. Und jedes Mal stärker zurückgekommen ist, als sie vorher war. Network-Marketing ist zwar nicht die Lösung für alles, aber kann es für sehr vieles sein. Und für manche kann es eben ein extrem positiver Life-Changer oder gar Life-Saver werden, so wie für die Turbo-Networkerin mit Raketen-Karriere, die rückblickend nur eines im Leben anders machen würde: früher mit Network-Marketing starten, am besten gleich nach dem Abitur ...

JULIA BAYLAN –
spontan gefragt, spontan gesagt

● **Mir ist Erfolg wichtiger als ...**
„... irgendeine kurzweilige Ablenkung!"
● **Freiheit bedeutet für mich, ...**
„... den Weg zu gehen, der für mich in meinem Herzen vorgesehen ist!"
● **Manchmal möchte ich lieber ...**
„... vier, statt nur drei Stunden pro Nacht schlafen!"
● **Mein liebster Fehler an mir ist, ...**
„... dass ich gerne größenwahnsinnig bin!"
● **Ich langweile mich, wenn ...**
„... nein, ich langweile mich nie. Das Wort existiert für mich gar nicht!"
● **Network-Marketing bleibt ein modernes Business, weil ...**
„... es das ehrlichste Business überhaupt ist und von Herz zu Herz funktioniert!"
● **Mein wichtigster Rat an alle Networker lautet, ...**
„... werde die beste Version von dir selbst!"

KARIN MACK

JUCHHEIM

NETWORK-MARKETING IST DAS PERFEKTE SYSTEM, UM MEINE KOMPETENZEN EINZUSETZEN

Eine Frau! Eine Mission! Ein System! Ein Ziel! Karin Mack setzt dabei voll auf die Kraft von Vertrieb! Denn ihr Leitsatz lautete schon beim Start in ihr Berufsleben: „Alles, was man kann, kann man im Vertrieb machen!" Und sie machte ... mit Selbstbewusstsein, Kompetenz, Know-how und Leistung. Eigenschaften und Qualitäten, die sie schnell erfolgreich werden ließen. Keine Frage, dass diese Frau mit ihrer starken Persönlichkeit flink und erfolgreich die Karriereleiter im konventionellen Arbeitsmarkt erklomm und einflussreiche Positionen in diversen Wirtschaftsunternehmen bekleidete. Im Grunde genommen ideale Voraussetzungen, um sich zu etablieren und zu einer Aspirantin für „ganz oben" erkoren zu werden. Sie war bereit für die in Deutschland immer noch weitestgehend männlich dominierten höchsten Führungsetagen. Aber waren die auch bereit für diese ambitionierte Business-Frau? Völlig egal, denn eine Karin Mack wartet nicht, sie startet, fühlte, dass die Zeit reif war für ihre eigene Initiative. Warum? Weil sie anderen etwas mitzuteilen hatte. Und weil sie ihr Können, ihre Fähigkeiten mit anderen zu deren Nutzen teilen wollte. Sie entschließt sich, eine anspruchsvolle Trainer- und Coaching-Ausbildung zu absolvieren, um nachhaltig messbare Ergebnisse in Bezug auf den Vertriebserfolg in Unternehmen zu generieren. Fortan steht sie vor Spitzenführungskräften aus Wirtschaft und Industrie auf der Rednerbühne, begleitet anspruchsvolle Projekte in weltbekannten Unternehmen und sorgt dafür, dass durch ihren Input Umsätze und Erfolge vieler Companys spürbar weiter ansteigen. Man darf wohl getrost von Erfolg auf ganzer Linie auf höchstem Niveau sprechen. Eine Powerfrau im Hosenanzug auf

Erfolgstour – für sich und andere. Die Krux dabei: Sie macht ausgerechnet den männlichen Führungsetagen deutlich, was diese besser anders machen sollten, um somit für mehr Umsatz, positivere Ergebnisse und für ein verbessertes Betriebsklima zu sorgen. Bis zu einem Moment, in dem der Erfolgstrainerin zunehmend bewusst wird, dass es für sie an der Zeit ist, ihre Zielgruppe radikal zu verändern. Weg von der Männerwelt, hin zu den Frauen, in denen sie ohnehin ein weitaus größeres Potenzial in vielerlei Hinsicht sieht. Ihr Anspruch dabei: Das eigene Wissen und dessen Vermittlung in ein einheitliches, modulares und transparent nachvollziehbares System einzufügen. Und damit schlägt für sie die Stunde einer Erfolgsmethode, die als alternative Strategie zur geläufigen Arbeitswelt schon millionenfach bemerkenswerte Erfolge feiert – und dennoch bisher noch nicht in allen Köpfen ist. Auch nicht in den weiblichen. Karin Mack entscheidet sich daher bewusst für diesen unkonventionellen, für einen anderen Weg, für eine von der Norm abweichende Möglichkeit: für das System Network-Marketing! Zugleich die Initialzündung für einen neuen, fantastischen Triumphzug einer Frau mit großen Ambitionen ...

Das Hobby zum Beruf machen, das ist für viele ein erstrebenswertes Ziel, weil scheinbar damit der Spaß im Job garantiert ist. Vielleicht ist es aber auch nur die bewusste Leichtigkeit, die jemanden dazu verführen kann, aus einer Freude am Tun, eine Profession zu kreieren. Letzteres dürfte bei Karin Mack wohl zutreffen. Denn das, womit sie sich bisher beruflich befasst und beschäftigt hat, das erfüllt sie gleichermaßen. Somit ist ihre persönliche Aufgabenstellung für die Zukunft zugleich definiert: Frauen erfolgreich machen und dies mit System. Und genau das System kennt sie, denn es ist ein kleines, feines Hobby, das sie bisher schon nebenher betrieb: Network-Marketing mit einer ausgesuchten Schmuck-Company. Quasi „neben-nebenberuflich" – hier mal einer Freundin einen Ring, einen Armreif oder einen Anhänger empfehlen, dort mal eine Kette oder ein paar

Ohrringe vermitteln, womit der ohnehin gut verdienenden Trainerin beinahe unbemerkt ein paar Euros zusätzlich ins Portemonnaie fließen. „Es war wirklich ein Hobby, das ganz nebenbei in meinem Leben lief. Ohne wirklichen Ehrgeiz oder getrieben von klar definierten Erfolgszielen. Nein, ich betrieb das Geschäft, wenn man es überhaupt in diesem Fall so nennen darf, aus Freude am Tun und wegen der wunderbaren Traum-Reisen, hatte aber dennoch das System verinnerlicht und empfand größte Wertschätzung dafür und ebensolchen Respekt für alle, die sich in diesem Business engagierten", erklärt die heutige hauptberufliche Top-Networkerin.

Von einer Erfolgs-Coachin in der freien Wirtschaft hin zum Network-Marketing ist ein weiter, großer Bogen, der geschlagen werden muss. Nicht so für Karin Mack. Für sie ist es beinahe eine logische Konsequenz, die sich aus der Abfolge ihres Lebensszenarios ergibt. Zunehmend hinterfragt sie nämlich ihr eigenes Tun, insbesondere ihre bisherige Zielgruppe. Sie spürt

eine innere Unzufriedenheit, ist unschlüssig, und das Gedankenkarussell dreht sich immer schneller. Als dann auch noch ein hoch dotierter Trainingsauftrag nicht realisiert wird, ist das für sie ein eindeutiger Impuls, noch einmal durchzustarten. „Ich wollte mich im Alter von 46 Jahren noch einmal einer Herausforderung stellen. Wollte das, was ich kann, all meine Kompetenzen aus drei Jahrzehnten, nutzen, um etwas Großes zu erreichen und aufzubauen. Mein Slogan dabei: 1.000 Frauen mit auf diese Reise nehmen! Das war eine Mission, die mich begeisterte und antrieb. Denn ich glaube fest daran, wenn Frauen per se mehr Geld haben, machen sie diese Welt zu einem spürbar besseren Ort! Davon bin ich mehr als überzeugt. Das soll nicht gegen Männer sprechen, sondern vielmehr für Frauen! Ein ebenso wichtiger wie maßgeblicher Unterschied. Ich halte bis heute die derzeitige Verteilung von Geld und Macht in den Gesellschaften unserer Welt für zumindest problematisch und fragwürdig. Für mich daher zugleich eine Challenge, mit meinem Know-how den Beweis anzutreten, dass meine These stimmt. Genau das war meine Mission, für die ich brannte und für die ich noch einmal antreten wollte", macht die Juchheim-Spitzen-Führungskraft deutlich.

Und sie macht sich sofort auf den Weg, aus Worten Taten werden zu lassen. Denn diese Frau weiß, was sie kann, was sie sich selbst für eine Performance zutraut und wie sie ihre propagierten und anspruchsvollen Ziele erreicht. 1.000 Frauen und rund 10.000 Euro monatliches Einkommen – das schreibt sie sich selbst auf die eigene Fahne. Eine starke Parole. Klingt fast schon etwas kühn, ist aber zugleich ein Leitsatz, der Aktionen und aktives Tun einfordert. „Ziele müssen ambitioniert sein, sonst erwecken sie keine Motivation und keine Aktivität. Außerdem kam ich ja aus einem intakten, wirtschaftlich attraktiven Businessumfeld mit einem guten Verdienst – warum also sollte ich mir Grenzen setzen, die unter dem lagen, was ich ohnehin schon hatte? Sonst hätte ich ja Network-Marketing als Hobby weiter betreiben können, anstatt es zu einer beruflichen Alternative zu erwählen.", erläutert die kluge Network-Unternehmerin weiter. Sie gibt sich für ihr hehres Unterfangen selbst sechs Monate Zeit. In diesem Timeframe sollten die Grundlagen für eine erfolgreiche Zukunft im Network-Marketing geschaffen werden und die persönlichen Zielvorgaben erreicht sein. Zweifel hegt sie weder an der Umsetzung noch an den eigenen Absichten und individuellen Intentionen. „Ich wusste, dass alles das, was ich mir zum Ziel in diesem neuen System gesetzt hatte, auch wirklich realisierbar ist. Das war keine blauäugige Liebelei und ebenso keine utopische Fantasterei. Ich hatte mich darüber hinaus im Vorwege mit Brancheninsidern, mit erfahrenen Networkern und Trainer-Kollegen aus dieser Szene ausgetauscht. Und alle haben mir bestätigt, dass das, was ich wollte, durchaus realisierbar wäre. Das allein war für mich Bestätigung genug, mir und dem System zu vertrauen", fügt sie hinzu.

Wer nun denkt, dass sich Karin Mack an Vorgaben, übliche Vorgehensweisen oder fixe Eckpunkte im System hält, der kennt diese bemerkenswerte Frau schlecht. Ausgetretene Pfade gehören nicht in ihre Welt. Vorbehaltloser Mainstream ist mit ihr nicht umsetzbar oder gar erlebbar. Zum Glück – denn ihr Erfolg spricht für sie und ihr Tun. „Ich schwimme gern gegen den Strom, mache vieles mit Absicht anders, als andere es vorgeben. Ich mache immer, was ich will und für richtig halte. Das ist sicherlich nicht der bequemste Weg und man holt sich dabei auch den einen oder anderen blauen Fleck. Das ist halt so, aber genau so habe ich auch mein Network-Marketing-Unternehmen aufgebaut. Und zwar indem ich das fertige, erprobte System genommen habe, quasi das Grundmodell, und habe es nach meinen Vorstellung umgebaut und modelliert. Zudem habe ich vor allem den nachgewiesenen Mehrwert der Produkte meiner Partner-Company in den Vordergrund gestellt. Auch das große Erfolgsrad mitsamt dem Karriereplan habe ich verwendet, es aber nach meinen Vorstellungen eingesetzt und genutzt. Maßgeblich war dabei für mich, was ich mit einbringen konnte und was mir Spaß macht. Meine Skills? Ich bin Trainerin und Coach – was also kann ich gut? Training und Coaching, ist doch klar. Also habe ich dieses Know-how eingesetzt. Ferner interessiere ich mich immer schon als Kind eines promovierten Ingenieurs für neue Techniken. Also habe ich Facebook & Co zu einer Zeit für mein Business eingesetzt, als noch kaum jemand ahnte, welche Möglichkeiten so ein Channel überhaupt bietet. Daher war ich beispielsweise eine der ersten Frauen in meiner Company, die

Facebook LIVE als Videostream damals für sich entdeckt haben und auf diesem Weg eine riesige Reichweite aufgebaut haben. Stand heute kann ich somit sagen: Ich habe die vorhandenen Tools genommen und genutzt, habe sie mit meinen Kompetenzen gefüllt und so meinen individuellen Style kreiert, oder wie man so schön sagt: Ich habe mein Ding gemacht!", betont die kreative Macherin, bei der das Wort „eigensinnig" eine absolut positive Note und Bedeutung bekommt.

Sie wird parallel dazu zu einem Magneten mit faszinierender Anziehungskraft für andere – insbesondere für andere Frauen. Allen voran bei denjenigen, die sie schon aus ihren Zeiten als Trainerin kennt. Und immer öfter hört sie den Satz: „Also wenn du das machst, dann muss das gut und seriös sein. Egal, welches Produkt dahintersteht, wir vertrauen und wir folgen dir!" So baut sich Stück für Stück ein zunehmend stärker werdendes Team auf, das sich zu einer potenten Downline entwickelt. „Diese Frauen wollten mit mir die Welt rocken – und genau das haben wir gemacht und machen es immer noch!", lacht Karin Mack zufrieden und zeigt sich nach wie vor davon begeistert, dass ihr ursprünglicher Plan so perfekt aufgegangen ist. Sie ist somit eher ungewollt zu einer personifizierten Absolution für ein hin und wieder noch angezweifeltes System geworden, das jedoch gar keine Zweifel verdient. Genau diesen Beweis hat die Senkrechtstarterin von einst erbracht. „Frauen folgen gern Frauen. So war es auch bei mir. Und in meinem Fall sind es zudem intelligente Frauen, die alle spannende Positionen draußen im konventionellen Arbeitsmarkt bekleidet haben, bevor sie sich oftmals dem Thema Kinder und Familie hingewendet haben. Genau diese Frauen haben heute Ansprüche, wollen geistig gefordert und gefördert werden. Schon allein daher muss das Produkt gar nicht so im Vordergrund stehen, sondern primär entscheidend ist die Persönlichkeitsentwicklung, die im Network-Marketing eine besondere Rolle spielt und die auch in meiner Arbeit prominente Beachtung findet", definiert die im neun Meter langen Luxus-Wohnmobil auf Roadshow gerade durch den Süden Europas reisende Networkerin und räumt so mit einem Vorurteil auf, dass dieses Network-Business so simpel daherkommt, dass es genau deswegen für alle und jeden wie geschaffen sei.

MIT DURCHHALTEVERMÖGEN UND KRAFT FÜR PERSÖNLICHKEITSENTWICKLUNG ZUM ZIEL

Ein klares Nein von Karin Mack. „Ich glaube eben nicht, dass Network-Marketing etwas für alle und jeden ist. Zum einen braucht es Geduld und zum anderen darf man teilweise sehr lange durchhalten. Das allein schon ist ein Grund, dass es nicht für jedermann geeignet ist, weil nämlich die wenigsten bereit sind, 1.000 Tage zu gehen, um alle Herausforderungen anzunehmen und zu meistern. Natürlich, grundsätzlich sind die Einstiegslimits so tief, dass rein theoretisch jeder in diesem Geschäft beginnen kann. Keine Frage. Und das ist auch gut so. Aber jeder hat eben nicht den langen Atem durchzuhalten, um ans Ziel zu kommen. Nicht jeder ist bereit, alles wirklich Nötige zu tun, um seine Träume zu realisieren. Und nicht jeder ist dazu bereit sowie in der Lage, diese starke Persönlichkeitsentwicklung zu durchlaufen und mitzumachen. Das ist Fakt. Nur ein Beispiel: Eine Frau schafft es, nach einem halben Jahr 10.000 Euro netto zu verdienen. Die gleiche Summe, die vielleicht ihr Mann als Geschäftsführer brutto verdient. Und plötzlich entstehen Diskussionen. Er fragt sich, wie das sein kann, dass sie etwas in sechs Monaten schafft, wozu er Jahre gebraucht hat? Eine schwierige Situation. Aber das sind Themen, an denen man wächst und womit man als Frau eine real empfundene Persönlichkeitsentwicklung vollzieht. Daran allein wird deutlich, wie sehr der Intellekt in unserem Geschäft eine gewichtige Rolle spielt", verdeutlicht die Coaching-versierte Juchheim-Networkerin, deren Team zum allergrößten Teil auch weiblich geprägt ist.

Durchhalten für die eigenen Ziele und Wünsche – warum ausgerechnet das so schwer ist, dafür hat die ökonomisch und arbeitsmarkterfahrene Expertin eine plausible Erklärung. „Gerade Männer sind in der freien Wirtschaft gewöhnt, auf eine fest definierte Position mit Titel, Verdienst

und weiteren Annehmlichkeiten hin einzusteigen. Haben Sie dieses Ziel verhandelt und erreicht, arbeiten sie entsprechend dafür. Im Network-Marketing aber läuft es exakt andersherum. Hier muss erst einmal eine aktiv-positive Leistungsperformance nachgewiesen werden. Das kann auch mal etwas dauern und dabei darf man weder Lust, Motivation oder den Ehrgeiz verlieren. Und erst dann wird das Geld verdient, kommen die Boni on top und all die anderen schönen Begleiterscheinungen in unserer Branche. Genau daran scheitern aber viele. Dieser Umstand betrifft vor allem eben Männer im Vergleich zu Frauen, was jedenfalls meine Erfahrung ist", gibt Karin Mack offen preis, die allergrößten Wert darauf legt, dass sie den Partnerinnen und Partnern in ihrem Geschäft einen Mehrwert bieten kann. Sie sollen bei ihr etwas mitnehmen können, neue Impulse erleben, neue Ansichten und Einsichten generieren, neue Perspektiven eröffnet bekommen.

Heute ist die geistreiche Trainerin ihr bester Coach – für sich und ihr Team. Dabei denkt und arbeitet sie zweigleisig. Für sie entscheidend ist einerseits die Funktionalität des Produkts, das somit in gewisser Form für sich selbst spricht. Eine wichtige Erfolgsvoraussetzung im Network. Andererseits aber wird diese besagte Produkt-Funktionalität, die auch noch von hochwertiger Qualität flankiert wird, von einem engagierten Leadership supportet, das im konkreten Fall größtenteils von gebildeten und ausgebildeten Frauen in der Network-Praxis umgesetzt wird. Somit manifestiert sich in der unternehmerischen Network-Arbeit von Karin Mack eine überaus kongeniale Kombination aus Güte, Kompetenz, Progress, Erfolgstrend und dem Streben nach mehr – mehr Können, mehr Wert, mehr Personality, was sich zu guter Letzt in noch mehr Erfolg widerspiegelt.

„Es gibt Menschen, die nehmen ihr komplettes Lebenswerk daher, schreiben es nieder und machen eine Biografie daraus, was bestenfalls sogar ein Bestseller wird. Ähnlich habe ich es auch gemacht. Nur, dass ich mein komplettes Lebenswerk in Form meiner gesammelten Fähigkeiten genommen habe, und diese wiederum in das System Network-Marketing involviert habe, das somit ein echter Bestseller ist. Genau dieser wirtschaftliche Erfolg erzeugt dann einen Cashflow, der mir jeden Monat ein attraktives Einkommen beschert. Ich bringe seit Jahren jeden Monat Menschen aktiv in ihre real erlebbaren Träume oder zumindest ein Stück näher daran. Ein für mich wesentlicher Unterschied zu einem einmaligen Bestseller", so die Erfolgsfrau, die Vertrieb lebt, atmet, denkt und spricht.

Und zwar so intensiv, dass sie eine perfekte Metamorphose von der „Hard-Lady" hin zur „Heart-Lady" vollzogen hat. Und dies in einem ganz speziellen System, mit einem absolut klar definierten Ziel und mit einer grandiosen Mission! Nur, dass es in ihrem Fall ganz klar heißt: Mission possible!

KARIN MACK –
spontan gefragt, spontan gesagt

● **Mir ist Erfolg wichtiger als …**

„… ich würde eher sagen: Liebe und Geld sind für mich
die höchste Energie!"

● **Freiheit bedeutet für mich, …**

„… schlicht und einfach alles!"

● **Manchmal möchte ich lieber, …**

„… nochmal 33 sein!"

● **Mein liebster Fehler an mir ist, …**

„… dass ich verrückt bin!"

● **Ich langweile mich, …**

„… niemals, weil ich immer genügend zu tun habe!"

● **Network-Marketing bleibt ein modernes Business, weil …**

„… man stets neueste Techniken und Produkte integrieren kann!"

● **Mein wichtigster Rat an alle Networker lautet, …**

„… sei deine eigene Marke!"

ILSE FÜGER

VEGAS COSMETICS

MEIN ERFOLG IM NETWORK IST EINFACH SO PASSIERT, WEIL ICH ZU 100 PROZENT AKTIV WAR

Es war einmal eine junge Frau aus Deutschland, die zog es in den sonnigen, herrlich warmen Süden nach Griechenland. Ihr Ziel: die malerische Dodekanes-Insel Rhodos. Für viele ein Ferien- und Urlaubs-Dorado, ein wahrhaftiger Sehnsuchtsort. Und auch Ilse Füger begann dort ihren Traum zu leben. Natürlich besteht immer ein Unterschied zwischen Ferien machen und im persönlichen Paradies zu leben und zu arbeiten. Denn der Alltag will finanziert werden und somit muss man Geld verdienen. Für die ebenso pragmatisch veranlagte und lösungsorientierte Frau aus Schwaben war das aber gar kein Problem. Talente hat sie genug und die brachte sie auf diversen Stationen auch ein. Zunehmend etablierte sie sich, lernte zudem die griechische Sprache immer besser zu verstehen und zu sprechen und lebte ein Leben, von dem viele andere träumen. Natürlich auch mit harter Arbeit, mit Engagement, mit all den üblichen Alltagssorgen, aber eben an einem besonders schönen Fleckchen Erde unter der Sonne Griechenlands. Ein Leben, das getragen wurde von der berühmten Herzlichkeit der Griechen, die wissen, wie man das Hier und Heute noch ein bisschen schöner macht und zudem noch etwas mehr genießen kann. Mit gutem Essen, lieben Freunden, der nötigen Entspannung und im Kreis der Familie. Ein gutes Muster, nach dem auch Ilse Füger lebt, die mittlerweile zusammen mit ihrem Lebensgefährten zwei tolle Jungs zur Welt gebracht hatte und die auf Rhodos gut integriert ihr selbst auserwähltes Leben lebte. Nicht im Reichtum, nicht im Überfluss, aber so, dass man gut über die Runden kam. Familie Füger hatte es geschafft – aus „Goodbye Deutschland" war „Jassu Griechenland" geworden, was

Hallo auf Griechisch heißt. Bis die Wolken am Himmel der seit der Antike berühmten Insel dunkler und dunkler wurden. Die Finanzkrise schlug zu und hatte vor allem auch Griechenland im Griff. Aus dem Traum wurde zunehmend ein Albtraum, das Leben wurde immer teurer, das Einkommen langte bald hinten und vorne bei den meisten Familien nicht mehr. Auch bei den Fügers sah es schlecht aus. Dazu kam die Trennung vom Lebensgefährten und somit das Überleben als alleinerziehende Mutter. Ilse Füger kämpfte, tat alles für ihre beiden Jungs und für sich, damit das Leben weitergeht, irgendwie ... bis zu einem Punkt, wo die Kräfte aufgebraucht waren, die Sorgen und Nöte sie zu erdrücken schienen. Mit dem letzten Geld kaufte sie sich in ihrer Not Flugtickets – zurück nach Deutschland, wo sie hoffte, wieder Boden unter die Füße für sich und die Kinder zu bekommen. Denn eine Zukunft in Griechenland, die war für sie in dieser Phase absolut nicht erkennbar. Vom Regen in die Traufe – so sah die ernüchternde Wirklichkeit aus, als die Heimkehrerin wieder in „Old Germany" landete. Kalt, nass, mittellos – das war die harte Realität, die Ilse Füger und ihre Kinder in Deutschland empfing. Vorbei war das Märchen vom schönen, leichten Leben unter Griechenlands Sonne mit Sirtaki, Ouzo und warmem Sandstrand. Vorbei? Wer sagt eigentlich, dass Märchen nicht wahr werden können? Wo steht das geschrieben? Es muss ja nicht immer der berühmte Prinz sein, der auf dem Schimmel daherkommt und die Prinzessin mit einem Kuss erlöst. Manchmal genügt dafür lediglich eine verheißungsvolle Chance, eine, die erkannt wird, die genutzt wird und die sich als magischer Game-Changer entpuppt. Denn als Ilse Füger diese einmalige Möglichkeit geboten wird, zaudert sie nicht, sondern wirft all ihre noch verbliebene Kraft, all ihre Power, alles, was sie zu bieten hat, in diese Waagschale, um doch noch die Wende zu schaffen und schreibt damit ihre persönliche Erzählung. Das „Märchen Network-Marketing", das Wünsche wahr werden lassen kann, weil es nämlich kein Märchen ist, sondern eine großartige Wirklichkeit ...

Die Szene hatte tatsächlich etwas Herzzerreißendes, als Ilse Füger in Deutschland landete. Kälte, Regen und Verzweiflung. Wohin? Kein Dach über dem Kopf, keine Schlafstelle, kaum noch Geld für das Nötigste. Und an der Hand zwei kleine Kinder. Man kann sich die Not und die Ängste dieser Frau kaum vorstellen. Erste Station: ein Hotel. Eine viel zu kostspielige Lösung, wo ohnehin kaum noch Geldreserven vorhanden sind. Wie gut, dass es immer wieder noch Menschen mit einem großen Herz gibt. Und genau so jemanden ruft sie an. Einen Hausverwalter vieler Wohnungen aus ganz, ganz früheren Zeiten. Und tatsächlich, er hilft ihr und kann der verzweifelten Mutter noch am selben Abend eine Wohnung zum Übernachten anbieten. Leere, nackte Räume – ohne Bett, Stuhl, Tisch oder

Sofa. Eben „nur" eine Wohnung und sonst nur gähnende Leere. Unvorstellbar, aber Ilse Füger ist in diesem Moment nur eines: dankbar! Ein Dach über dem Kopf, ihre beiden Jungs sind vor dem deutschen Wetter geschützt, man ist zusammen und im Trockenen – das allein zählt. Und es ist allemal besser, als was der deutsche Staat in diesem Moment zu bieten hat, der lediglich das Obdachlosenasyl als ernst gemeintes Angebot der Mutter mit den beiden Kindern als Alternative nennt. „Ich bin diesem Freund auf ewig dankbar, diese großzügige Tat werde ich ihm nie vergessen", sagt Ilse Füger voll inniger Anerkennung. In den nächsten Wochen kämpft Ilse Füger wie eine Löwin – für ihre beiden Kinder, für sich und insgesamt ums Überleben. „Auch die Hilfe, die ich beispielsweise vom Roten Kreuz erhielt, ist für mich unvergesslich. Was man von dort aus für uns getan hat, das rührt mich bis heute emotional enorm. Liegen, Teller und Tassen und so vieles mehr wurden uns gespendet. Sogar ein Spendenaufruf wurde initiiert. Phänomenal, was da für uns als gestrandete Familie zusammenkam. Das war Geld, das uns wirklich half, voranzukommen, um wieder auf eigenen Füßen stehen zu können. Allein schon, weil ich uns damit eine Grundausstattung anschaffen konnte, die uns das Leben ein Stück weit normalisiert und erleichtert hat. Schulsachen für die Kinder, ein paar einfache Küchenutensilien und überhaupt glaubt man ja gar nicht, wie dankbar man für ein ganz einfaches, schlichtes Sofa sein kann. Meine Kinder und ich jedenfalls waren es. Entscheidend war, wie sich später zeigen sollte, dass ich uns auch ein einfaches Tablet besorgte. So konnten wir nämlich ein bisschen an der Welt draußen mit teilhaben, konnten uns wieder connecten", berichtet Ilse Füger immer noch ebenso dankbar wie auch ergriffen von der damaligen Situation. Nie wird sie diese Zeit vergessen. Ihre Dankbarkeit und Demut wird daher stets ein festes Element in ihrem Leben bleiben. Kein Wunder, dass sie sich bis heute auf unterschiedlichste Weise engagiert und versucht, vieles an Güte, Herzenswärme und Hilfe zurückzugeben.

Doch Wohnung, Ausstattung und Grundversorgung allein reichen nicht zum Leben aus. Sie geht auf Jobsuche, ist sich für nichts und keine Aufgabe zu schade – Hauptsache es kommt Geld in die leere Familienkasse. Denn die aufopferungsbereite Mutter will raus aus der Armut, aus der Abhängigkeit. Sie will nicht für immer das Essen für sich und die Kinder bei der Tafel erbitten, oder auf dem Amt stehen und weiter staatliche Almosen entgegennehmen. Bei aller Dankbarkeit, dass es diese Institutionen gibt und dass man ihr dort hilft, so ist der Wunsch nach einem eigenen Leben mit einem bescheidenen Maß an Selbstständigkeit und Unabhängigkeit innerlich immer stärker am Wachsen. Wie gut deshalb, dass sie anfangs von dem Spendengeld das kleine Tablet besorgt hat. Und zwar, ohne zu wissen, dass dieses digitale Gerät für sie der rettende Anker und die Tür werden sollte, die für sie und ihre Kids zu einem neuen Leben aufgehen sollte.

„Ich habe mich durch die sozialen Netze wieder mit Freunden von früher verbinden können. Freunde, die ähnlich wie ich, aufgrund der Wirtschaftskrise ebenfalls teilweise wieder von Griechenland in ihr Heimatland zurück mussten. Darunter auch eine Ex-Kollegin aus dem Vereinigten Königreich. Mir fiel auf, dass die ständig etwas von einer bestimmten Mascara postete und dabei aus dem Schwärmen gar nicht mehr herauskam. Ja, irgendwann wurde ich auch einmal neugierig und habe sie angeschrieben, was denn an dieser Wimperntusche ausgerechnet nun so toll und einzigartig sein soll. Ihre Antwort ging viel weniger auf meine Frage ein als auf die Chance, man könne Millionär werden. Na klar, ‚Millionär‘ – ein Wort, das in meiner damaligen Situation alles Mögliche in mir auslöste, aber sicher nicht das Gefühl oder gar die Gewissheit, dass ich einer davon werden könnte. Sie kontaktierte mich direkt und erzählte mir, dass die Firma dieser Mascara demnächst in Deutschland starten würde. Die Aufgabe, die damit verbunden sei, wäre ganz einfach: Ich müsste nur dieses Produkt immer wieder empfehlen, bis andere das auch tun würden und daran würde ich Geld verdienen. Aha, verstanden habe ich nichts, getan habe ich es trotzdem – komplett ahnungslos und ohne einen Hauch von Wissen. Denn ein paar Tage später schickte mir die Bekannte ein Muster zu, sodass ich das Produkt an mir selbst ausprobieren konnte. Und das Ergebnis war wirklich zufriedenstellend. Drum dachte ich mir: Was gibt es zu verlieren? Die Mascara ist gut, also biete ich sie auch mal bei mir im Netz auf meinen Social-Media-Kanälen an“, erzählt die heute so erfolgreiche Networkerin und schüttelt dabei den Kopf, weil sie beinahe selbst kaum glauben kann, wie sie in das Network-Business regelrecht gestolpert ist und heute zu einer der erfolgreichsten Geschäftspartnerinnen ihrer Company zählt.

EINFACH MACHEN – UND ANDERE MIT DEM EIGENEN ENTHUSIASMUS ANSTECKEN

Keine zaghaften Versuche oder zurückhaltendes Anbieten, nein, Ilse Füger setzt vom Start an auf Vollgas. Auch wenn sie gar nicht wirklich weiß, wohin die Reise gehen soll. „Ich habe ausnahmslos alle meine Followerinnen dazu animiert, die Mascara auszuprobieren. Das hörte sich beinahe so an, dass ein Leben ohne diese Wimperntusche zwar machbar, aber nahezu sinnlos wäre. Und mein Trommeln wirkte. Sogar so sehr, dass sich die Frauen schon einschrieben und anmeldeten, obwohl die Company ja noch nicht einmal in Deutschland vertreten war, sondern erst starten wollte. Aber ich habe so einen Alarm gemacht, dass ich andere damit entsprechend angesteckt habe ...", freut sich die Erfolgs-Networkerin heute noch über ihren eher unüblichen Start.

Und sie spürt, dass diese Aktivitäten ideal in ihren immer noch so tristen Alltagsablauf passen. Morgens um 4.30 Uhr verteilt sie Brötchen von der örtlichen Bäckerei, danach geht es zum Putzen, um nachmittags wiederum für die beiden Kinder da zu sein. Die taten sich nämlich in der Schule noch ziemlich schwer – zwar sprachen sie deutsch, konnten aber die Sprache weder schreiben noch lesen. Wie auch, wenn ihr Leben zuvor seit der Geburt komplett in Griechenland stattfand. Die Herausforderungen für „Mutter Füger" sind also vielseitig und vielzählig. Da ist Network-Marketing fast schon ein positiver Quell der Freude und Abwechslung. Das Bemerkenswerte: Der Start der Company war für den Januar angesetzt, los ging es aber erst im August des gleichen Jahres. Acht Monate verschenkte

Zeit? Nicht für Ilse Füger, denn die setzt vor allem über Facebook alle Hebel in Bewegung, bringt ihren Kanal regelrecht zu Glühen und heizt die Vorfreude ihrer „Facebook-Freunde" dermaßen an, dass die Fangemeinde in diesem Zeitraum gewaltig anwächst – und die Anzahl der vorliegenden Vorbestellungen ebenso. Als dann im besagten August endlich der Startschuss fällt, schießt die Network-Einsteigern wie in einer Hitparade von null auf Platz 1. Im Fokus immer nur das Produkt und den Verkauf. Das allein war, was für sie zählte.

„Expansion? Teamaufbau? Davon wusste ich doch überhaupt nichts. Und ich hatte auch keine Ahnung, geschweige denn eine Absicht, dass sich durch meine Verkaufs-Aktivitäten so ein Team um mich herum aufbaute. Das damit verbundene Potenzial war mir ebenso unbekannt. Ich verfolgte ja nur, was meine Bekannte in UK machte. Genau das machte ich irgendwie nach, auch im Glauben, dass es genug Frauen geben würde, die so eine Mascara toll finden. Und das alles über Facebook, dem Kanal, über den ich zu 100 Prozent alles ursprünglich aufgebaut habe und mit dem ich mein Network-Geschäft begonnen hatte", erläutert die heutige Führungskraft von Vegas Cosmetics, die ursprünglich doch nur etwas Geld nebenbei zu ihren anderen Jobs zuverdienen wollte, um sich ein kleines bisschen mehr finanziellen Spielraum zu erarbeiten. Dass sich jedoch aus dieser Intention ein künftiges Mega-Business für sie auftun würde, daran hatte sie beim Start im Traum nicht gedacht.

„Jeder Frau, die eine Mascara bestellte, habe ich gesagt, sie würde doch wiederum andere Frauen kennen, die auch unsere Mascara haben wollen. Also habe ich denen empfohlen, sich bei mir mit einzutragen. So habe ich in der Zeit von Januar bis August nicht nur eine große Menge an Kundinnen gewonnen, sondern parallel dazu auch gleich ein großes Team aufgebaut. Und das hat sich mehr als gelohnt, als es dann endlich offiziell losging. Erst erhielt ich einen wirklich großzügigen Abrechnungsscheck und dann war ich sofort in einer höheren Karriereposition, weil ich ja vom Start weg ein Team mit mehreren Hundert Frauen hatte, die wiederum gleich loslegten …", berichtet sie und gibt unumwunden zu, dass sie ihr Startteam nicht bewusst aufgebaut hat, sondern dass ihre Erfolgskarriere zu Beginn eher „passiert" ist.

VOM AMATEUR ZUM PROFI – MIT FÜRSORGE FÜR DAS TEAM UND ENORMEM ENGAGEMENT

Über die folgenden Monate macht sich Ilse Füger mehr und mehr schlau im Internet, bis dahin ihre einzige wirkliche Lern- und Schulungs- quelle. Selbst der Branchenfachbegriff „Network-Marketing" begeg- net ihr dort überhaupt erstmalig. Mit jedem Tag wird ihr bewusster, in welchem Business sie generell gelandet ist, was es bedeutet, wie es funk- tioniert und welche gigantischen Möglichkeiten sich hier – gerade in ihrer speziellen Situation – ergeben. Sie ist fasziniert, sowohl von dem Geschäft als auch von sich selbst, als ihr klar wird, was sie unbewusst schon aufgebaut und auf den Weg gebracht hatte. „Ich war komplett erstaunt, als ich realisierte, dass ich mitten im Network-Marketing-Busi- ness involviert war. Und noch mehr überraschte es mich, dass es sogar funktionierte und zwar richtig gut! Ich konnte das anfangs gar nicht fas- sen", lacht die sympathische Networkerin, der man allen Erfolg von Her- zen gönnt.

Heute ist aus der anfangs ahnungslosen Network-Starterin natürlich eine erfolgreiche Network-Marketing-Expertin geworden, die sich aber ihre charmante Gutgläubigkeit und Arglosigkeit behalten hat. Zum Glück! Vom Amateur zum Profi – mit Fürsorge für das Team, Engagement für den Erfolg und täglichen Zulernerfahrungen für sich. Ilse Füger weiß um die Bedeutung des Onboarding-Prozesses, um den Wert von qualitativ hochwertiger Einarbeitung und um den nachhaltigen Effekt von guter Führungsarbeit. So hat sie selbst für ihr Team in monatelanger Kleinarbeit einen eigenen Leitfaden zusammen mit einer Freundin erstellt, in dem sie das Rüstzeug für eine erfolgreiche Karriere im Network-Marketing niedergeschrieben hat. Facts, die beherrscht werden müssen, die sie sich hingegen selbst heraussuchen und aneignen musste. Ein Handbuch, das für Beginner ebenso auskunftsreich ist wie für Führungskräfte mit mehr Erfahrungen. Immerhin ist Ilse Füger eine Selfmade-Erfolgsnetworkerin mit einem überaus großen

Wissensschatz, den sie sich sukzessive detailliert und auf bewunderungswürdige Weise selbst beigebracht hat. Eine K o m p e t e n z, die sie überhaupt erst in die Hauptberuflichkeit führte, als deutlich wurde, dass sie mit ihren Network-Aktivitäten in wenigen Tagen erheblich mehr verdiente, als mit all den mühsamen Jobs, die wesentlich zeitintensiver und von den Arbeitszeiten her zudem extrem unattraktiver waren.

Heute blickt die bodenständige Unternehmerin auf eine beeindruckende Karriere, die im Network-Marketing stetig wuchs und gedieh. Auch, als sie 2017 aus persönlichen Gründen ihre erste Partner-Company verließ und zu Vegas Cosmetic wechselte. „Ich brauchte einen neuen Impuls, mein Feuer war auf Sparflamme zurückgegangen und in so einem Moment muss man sich eingestehen, dass man bereit für etwas Neues ist. Als ich mich in meinem Team und auf Facebook bei meinen Followern quasi geoutet habe, sind mir sehr viele zu meiner neuen, deutschen Company gefolgt. Nicht, weil ich sie gelockt oder überredet hatte, sondern weil mich viele kannten und meine persönliche Art der Network-Marketing-Arbeit schätzten. Selbst Partnerinnen, die nicht aus meinem Team stammten, wollten mir folgen, weil sie mich aus Trainings her wertschätzten", erläutert die Networkerin mit Herz, die ihre Erfolgsgeschichte auch bei der neuen Partner-Company unbeirrt weiter schreibt und heute in der obersten Führungsebene ihr Know-how an andere weitergibt.

Ein zu Recht verdienter Erfolg! Auch, weil Ilse Füger nach wie vor weiß, wie bei ihr alles begann, aus welcher prekären Situation sie einst für sich und ihre Kinder ein neues Leben aus eigener Kraft kreiert hatte und wie das Leben sein kann, wenn eben nicht die Sonne des Glücks scheint. Sie hat es erlebt – Licht und Schatten. Gleichfalls hat sie aber die Gewissheit, dass Verzweiflung auch Flügel wachsen lässt, sich plötzlich ungeahnte Kräfte und Möglichkeiten ergeben, die es zu nutzen gilt. So, wie sie mit viel Enthusiasmus die Chance Network-Marketing ergriffen hat, wenn auch zuerst unbewusst. Aber ganz ehrlich, ist das nicht auch ein Stück weit die wirkliche Magie dieses außergewöhnlichen Geschäfts? Eines, bei dem dann eben doch Märchen wahr werden können, eines wie bei Ilse Füger …

ILSE FÜGER –
spontan gefragt, spontan gesagt

● **Mir ist Erfolg wichtiger als ...**

„... gar nichts – außer Familie und Gesundheit!"

● **Freiheit bedeutet für mich, ...**

„... alles tun und lassen zu können, was ich gerne möchte!"

● **Manchmal möchte ich lieber ...**

„... Network-Marketing schon vor 30 Jahren kennengelernt haben!"

● **Mein liebster Fehler an mir ist, ...**

„... dass ich manchmal einfach zu gutherzig bin!"

● **Ich langweile mich, wenn ...**

„... ich langweile mich niemals, das Gefühl kenne ich gar nicht!"

● **Network-Marketing bleibt ein modernes Business, weil ...**

„... es für jeden unvorstellbare Optionen bereithält!"

● **Mein wichtigster Rat an alle Networker lautet, ...**

„... bleib immer ehrlich und authentisch!"

VERONIKA RENZ

PM-INTERNATIONAL

WER MIT DEM HERZEN SPRICHT, DEM HÖRT MAN ZU

Es ist schon bemerkenswert, was alles möglich ist und welche ungeahnten Kräfte frei werden, wenn man den Ruf der Freiheit hört – und ihm auch folgt. Wenn sich eine Sehnsucht auftut, ein zunehmend unbändiges Verlangen innerlich spürbar ist, das einen nicht mehr loslässt. Der Moment des Impulses, dieser eine Augenblick, der diese Gefühle nach Unabhängigkeit auslöst, der ist und bleibt unvergessen, für alle diejenigen, die diese Emotionen auch nur einmal erlebt und gefühlt haben. Bei Veronika Renz war es ein schnöder Quelle-Katalog der in ihr diesen besagten Moment auslöste und der sie in eine neue Wunschwelt führte. In ein für sie bis dato imaginäres Universum der Träume ... Für sie wurde dieser Katalog der Blick durch ein Fenster raus in eine Welt des scheinbar Unerreichbaren. Verbunden mit einem aufkeimenden Hunger nach Freiheit, jugendlicher Abenteuerlust und dem Verlangen, etwas neues, etwas anderes zu erleben. Mehr vom Leben haben, mehr erwarten und sich auch mehr nehmen. Damals, in den 1970er-Jahren hinter dem „Eisernen Vorhang", dort wo Veronika Renz mit gerade mal 14 Jahren auf dem Bett in ihrem kleinen, bescheidenen Zimmer im Schneidersitz saß, den Quelle-Katalog auf den Knien und mit ihren jugendlichen Fantasien aus dem Fenster blickte. Vor sich die eingeengte Welt der damaligen Tschechoslowakei, die seinerzeit aufgrund des politischen Systems eben keine Perspektive bot und die keine Chance auf die vermeintliche Freiheit der westlichen Welt offerierte. Seite für Seite blätterte das jugendliche, heranwachsende Mädchen durch ihre auf Papier gedruckten und zu einem dicken Katalog gebundenen Träume. Schöne Kleider, edle Stoffe, modische Outfits, schicke Schuhe, moderne Gerätschaften, Musik-Equipment – die Palette verlockender Angebote *schien schier unendlich. Und dennoch waren es vor allem die Reiseseiten, die Veronika Renz träumen und schwärmen ließen. Blaues Meer, breite Strände, feine Hotels mit allem Komfort, faszinierende Bergwelten, aufregende Metropolen diesseits und jenseits des Atlantiks ... immer wieder tauchte sie ein in die große weite Welt, die in ihrer real gefühlten Enge doch so klein und bedrückend war. „Eines Tages bin ich weg ...", schwor sie sich insgeheim. „Dieses Land wird mich nicht aufhalten. Ich will raus, will die Welt entdecken, will echte Freiheit fühlen und genießen", lautete ihr fester Vorsatz, schon damals, als sie erst 14 Jahre alt war. Die erste echte Chance, die sich nur vier Jahre später der mittlerweile 18-Jährigen bot, nahm sie wahr – und ging. Nämlich im Jahr 1989, als der Wind der Veränderungen über den damaligen Osten Europas wehte und vieles ermöglichte, was zuvor nahezu undenkbar schien. Neugierig, aufgeschlossen, erwartungsvoll, voller Enthusiasmus überschritt sie nach dem „Fall des Eisernen Vorhangs" die Grenze hin in den verheißungsvollen Westen. Im Kopf immer noch die bunten, schönen Bilder ihres Quelle-Katalogs, der vom vielen Blättern und Träumen von fernen Ländern inzwischen schon ziemlich abgegriffen war. Es wurde ein prägendes Wagnis, ohne zu wissen, dass es ein Trip hin zu neuen, harten Herausforderungen werden sollte. Aber ebenso eine aufregende Odyssee, bei der sie erst am scheinbaren Ende ihrer persönlichen Reise wiederum den Anfang für ein wirklich freies Leben im Network-Marketing fand ...*

Mit dem Abitur in der Tasche und einem Rucksack voller Erwartungen und Visionen landete die junge Tschechin in der malerischen Schweiz. Keine Frage – schön war es dort, aber ebenso wurde ihr schlagartig bewusst: Wunsch und Wirklichkeit sind zwei Paar Schuhe. Ja, die Realität kann sehr ernüchternd sein. Und genau das war sie im Fall von Veronika Renz auch. Wie bei einem Sprung aus großer Höhe landete sie nämlich hart auf dem Boden der Tatsachen. Die angeblich „schöne, weite Welt des Westens" aus dem Katalog entpuppte sich für sie in Wirklichkeit ebenso als rau und desillusionierend. Willkommen in der Realität! Die größte Barriere, um sich überhaupt einigermaßen zurechtzufinden und einzuleben: die Sprache. Denn der Unterschied zwischen Tschechisch und schweizerisch eingefärbtem Deutsch ist eklatant. Aber Aufgaben, an denen die einen zerbrechen, lassen wiederum andere wachsen – wie es bei Veronika Renz der Fall war. „Ja, ich musste meine rosarote Brille absetzen und fing an, mich durchzubeißen. Immer mit der Gewissheit im Hinterkopf: Es kann ja nur besser werden", lacht die charmante Network-Senkrechtstarterin. Wobei sie heute weiß, dass diese Lehren von damals ihr in puncto Durchhaltevermögen und mentaler Stärke im Network-Marketing-Business bis heute eine große, nachhaltige Hilfe sind. Doch damals fühlte sich das gänzlich anders an …

Besonders, als sie ihren ersten Job in der neuen schweizerischen Heimat antrat – als Servicekraft. Wenig Einkommen, wenig Freizeit, wenig Freude, aber dafür viel Stress, viel Arbeit und sogar viele lästige Wanzen im Bett. Das war die bittere Realität. „Mein Start in die Freiheit war einerseits eine gefühlte Katastrophe, aber auf der anderen Seite eine perfekte Lernzeit für mich. Demut und Dankbarkeit sind seither meine ständigen Begleiter. Denn nur wer die harte Seite im Leben kennengelernt hat, der weiß die vielen guten

Dinge auf der anderen Seite auch zu schätzen. Ich bin heute dankbar dafür, dass ich so bin, wie ich bin. Und meine gemachten Erfahrungen haben dazu in erheblichem Maße beigetragen. Es war ein ganz persönlicher Reife- und Entwicklungsprozess, den ich da durchlaufen habe", resümiert die stets strahlende, lächelnde Führungskraft von PM-International, deren wesentlichste Erfolgsfaktoren zwei ebenso schlichte wie prägnante Eigenschaften sind: einerseits ihre exorbitant positive Ausstrahlung, die für andere Menschen spürbar, hautnah, erlebbar und regelrecht ansteckend ist. Und andererseits eine fast schon bemerkenswerte Produktüberzeugung, die ehrlich von innen heraus absolut glaubhaft wirkt. Keine Masche, kein Verkaufs- oder Sponser-Dreh, sondern die personifizierte Überzeugungskraft.

Von der Schweiz aus führte der Weg die junge Frau weiter nach Deutschland, wo sie sich in einem Hotel die nötigen Groschen und Brötchen verdiente. Viel Arbeit, harte Arbeit, stupide Arbeit – Veronika Renz ist sich jedoch für nichts zu schade. Sie packt an. Fleiß ist ein wichtiger Wert, den sie schon in ihrem Elternhaus, in dem sie liebevoll und wohlbehütet aufwuchs, als Tugend vermittelt bekam. „Ohne Fleiß kein Preis" – für sie kein hohler Spruch, sondern Antrieb, Motivation und wertvoller Glaubenssatz, in dem für sie zugleich viel Energie steckt. Aber im Hotel als Angestellte reich zu werden, nein, das funktionierte nicht wirklich. Damals wie heute nicht! Ein Fakt, den auch die junge Tschechin schnell bemerkte. Doch war das nicht die einzige Erkenntnis. Darüber hinaus nämlich wurde immer deutlicher: Sie kam an beim Publikum, war beliebt bei den Gästen im Restaurant und im Hotel. Endlich mal jemand, der lächelt, der freundlich ist in der „Servicewüste Deutschland". „Ich habe schon immer Menschen gemocht und die Menschen auch mich. So bin ich halt und war ich schon immer. Denn nur wer Freundlichkeit ausstrahlt, der bekommt sie in gleichem Maße auch zurück", gibt sie offen preis und fügt hinzu: „Ich wache immer morgens auf und freue mich darauf, was der Tag mir wohl für neue Abenteuer und tolle neue Eindrücke schenken wird. Ich ticke halt komplett positiv. So war ich früher und so bin ich heute noch. Das ist mein Naturell", konstatiert sie freimütig. Und dennoch spürte sie tief im Inneren: Das kann nicht alles sein. Sicherer Hotel-Job, viel Lob vom Arbeitgeber, von den Gästen geschätzt zu werden – alles gut und schön, aber noch lange nicht gut genug für sie. „Nein, ich war nicht undankbar, aber ich habe selbst noch viel mehr von mir erwartet. Für diese Arbeit als Bedienung im Hotel war ich doch eigentlich nicht angetreten, dafür hatte ich nicht meine tschechische Heimat, meine Eltern, meinen Freundeskreis verlassen. Ich wusste: Das war noch lange nicht die Erfüllung meiner Träume. Im Gegenteil, ich war reif für den nächsten Schritt ..."

Zusammen mit ihrem damaligen Lebensgefährten und späteren Ehemann überlegt sie, was zu tun sei. Doch warum weit denken, wenn das Naheliegende geradezu offensichtlich ist: Er ist in der Immobilienbranche aktiv, dann kann sie das doch auch. Gedacht, gemacht. Schon fällt ihre Entscheidung: Sie macht eine Ausbildung zur Immobilienkauffrau mit zertifiziertem IHK-Abschluss. Wobei ihre Lehrzeit von drei auf zwei Jahre wegen ihres Abiturs und hervorragender Leistung sogar verkürzt wurde. Chapeau! „Mein wichtigstes Ziel bei dieser Ausbildung war: Ich wollte endgültig akzeptiert werden, wollte mit Leistung und Können ein voll akzeptierter Teil der Gesellschaft werden. Das ist für mich auch eine Frage des Respekts dem Land gegenüber, das ich mir zum Leben ausgesucht hatte", definiert Veronika Renz ihre innere Überzeugung. Eine bemerkenswerte und nicht alltägliche Einstellung mit Vorbildcharakter.

Aber wie so oft kommt es erstens anders und zweitens als man denkt. Denn aus dem angestrebten Vorhaben, künftig als Power-Immobilien-Paar aktiv und erfolgreich am Markt zu agieren, wird nichts. Die beiden hatten die Rechnung ohne den Kompagnon ihres Mannes gemacht. Der nämlich wollte so gar keine Frauen in seinem Team haben. Aus der Traum! Na und? Veronika Renz kümmert's wenig. Sie lässt sich nicht beirren, zumal kurz darauf einer der glücklichsten Momente ihres Lebens wie eine Erleuchtung seinen Lauf nahm: Sie wird stolze Mutter von Sohn Philipp, der bis heute ihr absoluter Sonnenschein und größtes Glück ist. Doch auch beruflich taten sich neue Perspektiven für die junge Mutter auf, die zu diesem Zeitpunkt gerade 25 Jahre jung ist. „Auf einem Treffen eines Wirtschaftszirkels, in dem mein Mann Mitglied war, lernte ich die erfolgreiche Unternehmerin und Inhaberin eines bekannten und ebenso überaus exklusiven Modehauses aus unserer Region kennen", lacht die heutige Erfolgs-Networkerin. Eine gescheite Frau, die in Sekundenschnelle von der positiven Aura ihrer attraktiven, gepflegten Tischnachbarin geradezu erleuchtet und begeistert war und der jungen Tschechin sofort ein Angebot unterbreitet: „Jemanden wie dich will ich in meinem Team haben!"

WEIL FREUNDLICHKEIT IM SERVICE SIEGT

Veronika Renz muss heute noch schmunzeln, wenn sie an diesen Augenblick denkt. „In dem Fashiontempel wurde Mode verkauft, die so teuer, edel und exklusiv war, dass ich mich damals in diesen Laden niemals reingetraut hätte. Allein schon, weil ich gar nicht die finanziellen Mittel dazu hatte. Und plötzlich bekam ich nun das Angebot, nein, regelrecht die Bitte, ausgerechnet dort arbeiten zu dürfen. Ich fühlte mich geehrt und nahm diese Herausforderung gerne an. Auch, weil ich schon immer ein Faible für Mode, schöne Kleidung und schicke Outfits hatte …", gesteht sie zwinkernd. Nur wenige Tage vergingen und sie stand in dem „Reich der feinsten Haute Couture" – sie, eine Frau aus Tschechien mit Abitur, mit Erfahrung in der Gastronomie, im Hotel, mit einer IHK-Ausbildung, eine

Mutter, Ehefrau und ohne perfekte Deutschkenntnisse – und sie war die auffällig Jüngste im Team des Modehauses. Entsprechend geringschätzig und argwöhnisch waren die Blicke, die ihr von den älteren, erfahrenen und ebenso stutenbissigen Kolleginnen zugeworfen wurden. Doch ausgerechnet die staunten nicht schlecht, als die attraktive Blondine trotz ihrer „Aschenputtel-Rolle" wenig später einen überaus wohlhabenden Kunden derart gekonnt mit bestem Service und ihrer so überwältigenden Freundlichkeit bediente, dass dieser mit Tüten und Taschen voll beladen das Geschäft Stunden später verließ. Wow! Durchbruch! Und plötzlich gehörte auch sie zum Kreis der vermeintlichen Mode-Expertinnen, wurde anerkannt und akzeptiert – ganze fünf Jahre lang.

ENDLICH UNTERNEHMERIN SEIN
UND SICH FAST FREI FÜHLEN

Denn dann sollte noch mehr Farbe in die Karriere von Veronika Renz kommen – und das ist fast schon wörtlich zu nehmen. Machte sie sich doch zusammen mit einer Freundin, die eine entsprechende Geschäftsidee hatte, mit „Airbrush-Tanning" selbstständig. Eine dermatologisch gesunde Methode für einen gleichmäßig gebräunten Körper. Dabei wird eine Selbstbräunungslotion mittels Airbrush-Pistole auf die Haut gesprüht, was somit die risikolose Alternative zum herkömmlichen Sonnenstudio darstellt. In den USA, insbesondere in Hollywood, damals schon eine beliebte Methode, um knackig braun und gut erholt zu erscheinen. In Deutschland hingegen war das im Jahr 2008 fast noch eine Beauty-Revolution. „Nicht nur die Geschäftsidee war absolut neu und aufregend, auch fortan mein eigenes Leben. Warum? Das erste Mal war ich frei – dachte ich jedenfalls. Auf alle Fälle war die Selbstständigkeit eine Premiere für mich. Mit allen Vor- und Nachteilen. Und es fühlte sich wirklich gut an, denn es kam meinem Wunsch, eine selbstbestimmte Geschäftsfrau sein zu wollen, schon sehr nahe", resümiert sie leicht nachdenklich und ergänzt: „Wir hatten aber mit einer Sache nicht gerechnet. Nämlich, dass die Kundschaft vor allem im Sommer braun sein wollte, aber kurioserweise im Winter eher nicht. Merkwürdig, oder? Es fehlte somit eine permanente, gleichmäßige Umsatz-Konstanz. Was obendrein daran lag, dass trotz Werbung und Marketing immer noch zu wenige Menschen unsere Bräunungsmethoden kannten, geschweige denn ausprobierten. Aber eines ist ja logisch: Schwankt der Umsatz, schwankt auch das Einkommen. Nicht gerade die beruhigendste Erfahrung für eine Mutter", stellt die heute so erfolgreiche Network-Unternehmerin nachträglich fest, die eine echte Chancen-Erkennerin und -Nutzerin ist. So auch in diesem Fall. Denn als ihr für die mageren Wintermonate eine Tätigkeit im Fitnessstudio angeboten wird, zaudert sie nicht lang und ergreift die Gelegenheit.

Eine Entscheidung mit Glücksfall-Effekt – und mit ebenso weitreichenden Folgen, die ihr Leben noch auf ganz besondere Art beeinflussen sollte. „Schon seit Jahren litt ich unter heftigster Migräne. Das sind Kopfschmerzen von unbeschreiblichem Ausmaß. Eine Krankheit, die quält und einen wirklich permanent ausbremst. Doch eines Tages kam eine Freundin ins Studio und präsentierte mir ein Mittel, von dem sie regelrecht schwor, dass es mir helfen würde. Natürlich war ich skeptisch. So viel schon hatte ich zuvor über die Jahre hinweg versucht und nichts hatte bisher geholfen. Insofern sagte ich mir: ‚Warum nicht, probier es halt aus!' Genau das tat ich. Mit dem Ergebnis, dass ich erstmals in meinem Leben keine Migräne mehr hatte, ja, mich wie neugeboren fühlte. Das war zugleich die Phase, in der die Produkte meiner heutigen Partner-Company PM-International in meinem Leben auftauchten."

Rund zweieinhalb Jahre war sie daraufhin eine treue Kundin. Aber eben nur treue Kundin. Dass sie jedoch auch als Partnerin der besagten Company gutes Geld durch die Weiterempfehlungen der Produkte hätte verdienen können, war für sie anfangs überhaupt keine Option. Dabei hätte gerade bei ihr nichts näher gelegen, wo sie doch so positive Eigenerfahrungen mit den Produkten gemacht hatte. Klingt beinahe schon kurios oder gar bizarr. Der Grund war ebenso banal wie typisch Veronika Renz. Sie ist halt eine loyale, treue Seele … Denn zu diesem Zeitpunkt war sie schon in einem anderen Network-Marketing-Unternehmen nebenberuflich aktiv. Aktiv in Form von „nur nebenbei und gelegentlich". „Eine meiner besten Freundinnen hatte mich bei einem Beauty-Network ins Geschäft gebracht. Und diese Freundin wollte ich nicht enttäuschen und allein lassen. Darum blieb ich – wahrscheinlich länger als es nötig war. Auch, weil ich dieses notwendige Feuer für unser Business selbst bis dahin noch nicht richtig verspürte. Es beflügelte mich einfach nicht, auch weil Karriere und Einkommen nicht vorankamen", gibt sie heute zu und kennt auch den Grund dafür. Sie verkaufte Produkte durchaus erfolgreich, ging aber nicht raus, um die „frohe Network-Botschaft" zu verkünden und für Expansion zu sorgen.

Ein andauernder Zustand, der anhielt, bis die umtriebige und stets beruflich neugierige Frau letztendlich doch im März 2017 auf einer Geschäftspräsentation ihrer heutigen Partner-Company landete. Ein Moment der Erleuchtung und ein wahrhaftiges Aha-Erlebnis für sie. Und das gleich in doppelter Hinsicht. Denn endlich erkannte sie ihre wahren Chancen und Möglichkeiten, die ihr das Business bieten würde. Auch, weil ihr die Erfahrungsberichte, die Erzählungen über die Karriere der anderen auf dem Präsentations-Event einen echten Motivationsschub gaben. „Ich war beeindruckt, von diesen Menschen und ihren Erfolgen. Dabei erkannte ich obendrein, dass sie genauso waren wie ich. Ganz normale Frauen und Männer, die im Unterschied zu mir nur eines anders machten – sie erzählten anderen ihre eigene Story. Das gab mir einfach ein gutes Gefühl und mir wurde klar: Hier gehöre ich hin, denn hier werde ich nicht bewertet nach Aussehen, nach Sprache, nach Ausbildung. Nein, hier konnte ich als Mensch, als Veronika Renz sein wie ich bin und dabei sogar noch anderen helfen, ihnen etwas von mir und meinen Erfahrungen nachhaltig mitgeben. Das war es, wonach ich immer gesucht habe. Und endlich hatte ich es gefunden", berichtet sie geradezu euphorisch vom Augenblick ihrer beruflichen Erleuchtung. Es war zugleich der letzte Ruck, sich gegenüber ihrer Freundin aus ihrem bisherigen Network-Unternehmen zu offenbaren und ihr mitzuteilen, dass sie ab sofort für ihre heutige Partner-Company aktiv werden würde. „Ich war angekommen. Hier konnte ich mich endlich so verwirklichen, wie ich bin – ohne mich verstellen zu müssen", fügt sie hinzu und ist dabei immer noch regelrecht emotional ergriffen. Und auch ihr noch nicht perfektes Deutsch spielte hier keinerlei Rolle. So wie z.B. zuvor im Fitnessstudio, wo man ihr genau aus diesem Grund einen geradezu lächerlichen Mehrverdienst in Höhe von nur einem Euro verweigerte. Eben weil ihre Deutsch-Sprachkenntnisse bis dato noch nicht perfekt waren, wenngleich sie aber dort einen hervorragenden Job machte. Solche Banalitäten spielten ab sofort im Network-Marketing keine Rolle mehr. „Sei du selbst und sei wie du bist" – das war fortan die gültige Maxime von Veronika Renz.

Ehrlichkeit und Authentizität sind dabei bis heute ihr wesentliches Wirkungsfundament. Überzeugung ist ihre größte Motivation. Aus ihr ergibt sich für sie eine treibende Energie. Denn alles zuvor war für sie „bloß" ein Geschäft, ein Mittel zum Zweck, um Geld zu verdienen. Ihr neues Business aber wurde für sie von Tag eins an eine Herzensangelegenheit, eine innere Triebfeder, nämlich etwas zu tun, was nachhaltig Wohlstand in allen Facetten bei ihr und anderen erzeugt. „Network-Marketing ist heutzutage für mich keine Aufgabe, die ich zu erledigen habe, sondern ein ehrlicher, sehnlicher Wunsch, den ich mir erfülle. Es fühlt sich nicht nach Arbeit an, sondern nach einer wunderbaren Mission, die ich ausführen darf. Es ist eine Passion, bei der ich meine Liebe zu anderen Menschen regelrecht auslebe. Das gibt mir ein unbeschreiblich gutes Gefühl und erzeugt damit einen Automatismus für meinen Erfolg. Der ist quasi ein zwangsläufiger Nebeneffekt, den ich eher unbewusst erzeuge – nämlich durch meine Hingabe zu dem, was ich tue", erläutert sie.

Vom ersten Tag an startete die Empfehlungs-Networkerin durch, hatte dabei das Gefühl, dass jeder Tag eigentlich viel zu kurz für das sei, was sie anderen mitzuteilen hat. Und genau das war auch der Unterschied zu vorher: Sie spricht mit anderen über ihre Mission. An Kontakten und Begegnungen mangelte es ihr dabei noch nie. Nur hatte sie jetzt etwas zu sagen – und genau das hielt sie nicht mehr zurück, sondern sprach es aus, sprach es

an, um Reaktionen und Aufmerksamkeit zu erzeugen. „Ich habe vom ersten Moment an – nach dem besagten Event – meinen Mund aufgemacht. Und dabei machte ich mir auch nicht mehr die überflüssigen Gedanken, was andere über mich denken würden. Es war mir völlig egal – und ist es heute noch. Das, was ich zu sagen habe, sage ich. Dazu suche ich immer und überall die Gelegenheit und schaffe es auch, das Gespräch, da, wo es passt, auf meine gute Botschaft, auf mein Business oder die Produkte und deren Wirkungen zu lenken. Denn ich kann im Leben anderer Leute für einen erheblichen Mehrwert sorgen.

Ist das nicht großartig? Wieso sollte ich diese sensationelle Möglichkeit anderen verwehren? Wer bin ich, dass ich anderen diese Chance nehme?", sagt sie und ist dabei kaum noch zu bremsen.

EIN NEIN IST KEIN NEIN ZU MEINER PERSON

Das Ergebnis dieser inneren Maximal-Überzeugung: Heute führt sie eines der am schnellsten wachsenden Teams innerhalb ihrer Company. Sogar ein Family-Business. Ein wertvoller Teil davon ist ihr Sohn Philipp. Denn der studierte „International Business"-Master entschied sich, hauptberuflicher Network-Unternehmer zu werden. Und auch bei dem 24-Jährigen zeigt der Karrieretrend steil nach oben. Erfolg ist damit parallel ihr permanenter Begleiter. Und auch ein Nein hält sie nicht auf. „Von einem Nein lasse ich mich nicht beirren. Denn ich weiß, dass es kein Nein zu mir als Person ist. Vielmehr passt der Moment meines Gesprächspartners vielleicht gerade nicht zu der aktuellen Situation. Daher sein Nein in diesem besagten Augenblick. Das ist ein himmelweiter Unterschied in der Erkenntnis. Aber ganz ehrlich, wenn man mit dem Herzen spricht, dann dreht dir auch niemand den Rücken zu, und ich spreche immer mit dem Herzen über meine Mission", erklärt die Vollblut-Networkerin, die heute immer noch innerlich beseelt ist und andere voller Inbrunst von der Wirkung ihrer Produkte begeistern will. Es ist aber noch ein Aspekt hinzugekommen: der unternehmerische Blickwinkel. Die Möglichkeiten, die dieses einzigartige Business per Definition bietet, hat sie nicht nur in aller Deutlichkeit erkannt, sondern sie sind zugleich Beweggrund, Motor und ein nicht enden wollender Impuls. Denn endlich lebt sie das, was sie immer erleben wollte: gefühlt grenzenlose Freiheit. Eine Freiheit, die ihr in Jugendjahren lediglich der Quelle-Katalog bot, die sie 1989 suchte, als sie voller Abenteuerlust ihre Heimat verließ und diese jetzt endlich gefunden hat. Mitten im grenzenlosen Zauber von Network-Marketing ...

VERONIKA RENZ –
spontan gefragt, spontan gesagt

● **Mir ist Erfolg wichtiger als …**
„… mir von anderen irgendwelche Grenzen aufzeigen zu lassen!"
● **Freiheit bedeutet für mich, …**
„… alles, denn es ist der Oberbegriff für ein erfüllten Leben!"
● **Manchmal möchte ich lieber …**
„… gar nichts, denn ich bin dankbar für das, was ich habe!"
● **Mein liebster Fehler an mir ist, …**
„… dass ich nicht perfekt Deutsch spreche, aber man mir
trotzdem zuhört!"
● **Ich langweile mich, wenn …**
„… ich nicht networke. Daher langweile ich mich nie,
da es für mich als Networkerin keine Langeweile gibt!"
● **Network-Marketing bleibt ein modernes Business, weil …**
„… es heute schon die absolute Sicherheit und Zukunft ist!"
● **Mein wichtigster Rat an alle Networker lautet, …**
„… sei mutig und lass dich von deinem Weg nicht abbringen!"

BISERKA MARSEGLIA

ENERGETIX

DIREKTANSPRACHE IST KEINE ZAUBEREI, SONDERN ETWAS GANZ NORMALES

*V*oll *präsent und angenehm dezent, mit wichtiger Stimme, aber nicht vorlaut, kein Tschaka, sondern Qualität, Inhalte statt Worthülsen, Führen durch effizientes Vorführen ... für all das ist Biserka Marseglia ein absolutes Paradebeispiel. Sie repräsentiert quasi eine andere Seite einer oftmals verdeckten Network-Medaille. Das Spiegelbild einer Branche, die sich gerne – und das auch völlig zu Recht – hin und wieder selbst feiert, es auch einmal laut und schrill mag, hin und wieder so richtig krachen lässt und vielleicht daher eine gewisse Anziehungskraft für extrovertierte Persönlichkeiten hat. Auch dann ist die gebürtige Kroatin mit ihrem charmant-schwäbischen Akzent mit dabei. Sie kommt nur etwas taktvoller daher, nicht als die Frau, die in die erste Reihe drängt, sondern die dort ein wertvolles Mitglied in den Reihen darstellt. Denn sie überzeugt mit Charakter, mit Einfühlungsvermögen, mit einem beinahe raffinierten Lächeln und einer ebenso diskreten Botschaft, der eine fast magnetische Anziehungskraft innewohnt. Wie passend, sind doch Magnetfelder und deren positive Wirkung mit eines der Hauptthemen, für die sie in ihrem Network-Geschäft steht. Aber um diese Thematik glaubhaft anderen vermitteln zu können, dazu bedarf es eben etwas feinfühliger Töne. Denn nur so hat Vertrauen eine Chance, sich behutsam aufzubauen. Ein Faktor, auf den Biserka Marseglia setzt und auf den sie baut: Vertrauen schaffen und erhalten! Die in der Nähe von Stuttgart aufgewachsene Erfolgs-Networkerin steht daher für Authentizität, Solidität, Bescheidenheit und Bodenständigkeit. Sie selbst sagt von sich, dass sie schon immer den Hang zum Helfen und die*

Freude daran hatte, anderen Gutes zu tun. Nicht aus purer Selbstlosigkeit, sondern aus dem Bedürfnis heraus, sich und anderen Menschen einfach ein gutes Gefühl zu schenken. Denn wir alle wissen: Nichts macht glücklicher, als andere glücklich zu machen. Ist es da ein Wunder, dass diese freundliche Network-Lady trotz manch persönlicher Rück- und Schicksalsschläge einem stets ein ansteckendes Lächeln schenkt und ein angenehmes Maß an Güte ausstrahlt? Wohl kaum! Wenn ein Lachen für die einen jedoch die netteste Art ist, anderen die Zähne zu zeigen, so ist das „Biserka-Marseglia-Lächeln" vielmehr eine Einladung für einen neuen Weg, der sich mit Ruhe, Gelassenheit und innerer Überzeugung gehen lässt. Es ist der Network-Marketing-Weg, auf eine spezielle, unkomplizierte und angenehm simple Art – Network mit einer Prise Leichtigkeit, die wie ein Magnetfeld das eigene Leben in wohlige Schwingungen bringt ...

Anderen helfen, ja, das war schon immer eine Passion, der sich Biserka Marseglia verschrieben hatte – auch beruflich. Ob anfangs in der Apotheke als Assistenz oder später im eigenen Kosmetik-Institut, das sie zusammen mit ihrem Ehemann gründete, aufbaute und überaus erfolgreich führte. Wobei „Institut" eigentlich nicht wirklich die passende Bezeichnung ist. Denn mit über 240 Quadratmetern Fläche, dem schönsten Interieur, einem äußerst stilvollen Ambiente und Behandlungs- sowie Wellness- und Beauty-Angeboten im High-Level-Segment darf man wohl getrost von einem „Beauty-Tempel" sprechen. „Unser Unternehmen war mein ein und alles. Ich ging in meiner Arbeit regelrecht auf. Wobei wir bei unseren Kunden auch damals schon immer darauf achteten, den Menschen im Ganzen zu betrachten – also Körper, Geist und Seele. Alles hängt zusammen, alles ist miteinander verwoben. Und der Erfolg gab uns letztendlich auch recht. Das ganzheitliche Konzept, das wir durchdacht und umgesetzt hatten, ging komplett auf", schwärmt die seit vielen Jahren erfolgreiche Networkerin heute noch.

Man sagt ja gern „Leidenschaft ist, was Leiden schafft", – und im Fall von Biserka Marseglia darf man getrost noch eine Plattitüde hinzufügen, eben weil sie so sehr passt: „Selbstständig heißt, selbst und ständig". Genau das war nämlich bei der engagierten Unternehmerin der Fall. Gefühlt ununterbrochen war sie für ihr Unternehmen und die Kunden da – nur nicht für sich auch mal selbst. Ohne Pause geht es aber auf Dauer nicht. Auch der eigene Körper und Geist brauchen zwischendurch einmal Erholung. Durchatmen, Luft holen und entspannen. Das, was die Inhaberin des „Kosmetik-Instituts" ständig anderen predigte, ließ sie bei sich selbst vermissen. „In letzter Konsequenz habe ich somit zwar den Kundinnen sehr viel Gutes getan, aber mir dafür, von ein paar ganz wenigen Ausnahmen einmal abgesehen, umso weniger. Selbst bemerkt habe ich das aber nicht, denn ich habe meine Arbeit viel zu sehr geliebt. Bis zu dem Zeitpunkt, als mein Körper anfing zu streiken. Der Rücken tat mir vom ständigen Bücken weh, die Hände und Finger schmerzten und plötzlich gingen die inneren Alarmglocken los. Ich kam ins Grübeln und stellte zunehmend fest, dass ich in einer Art ‚goldenem Käfig' gefangen war. So großartig unser Unternehmen war und auch lief, aber ich musste halt auch immer persönlich vor Ort sein und war gebunden", gesteht sie ein.

Wohltuende Abhilfe sollte eine Kundin bringen, die zugleich als Heilpraktikerin tätig war. „Sie erzählte mir etwas von Magnetfeldern, die muskuläre Verspannungen lösen sollten. Glauben konnte und wollte ich das zunächst nicht wirklich. Aber wenn man Schmerzen hat, dann ist man über kurz oder lang bald offen für alles. Also habe ich versucht, mich selbst schlau zu machen. Hängen blieb ich anfangs bei einem japanischen Anbieter, der mit seinen Produkten auf das Thema Magnetismus setzte. Doch als er zudem anfing von nebenberuflichen Tätigkeiten und Teamaufbau zu sprechen, schaltete ich innerlich ab. Ich wusste in diesem Moment gar nicht, was er überhaupt wollte. Network-Marketing? Das war für mich überhaupt keine Option. Im Leben nicht. Dabei hatte ich doch eigentlich nur etwas für mich gesucht, was mir mit meinen Beschwerden helfen konnte", schmunzelt die erfahrene Network-Unternehmerin heute.

Weiter geht also ihre Recherche- und Erkundungstour. Denn Schmerzlinderung, Verspannungslösung und neue Beschwerdefreiheit erzeugt durch Magnete – das bleibt für die Kosmetik-Institutsleiterin auch weiterhin erstrebenswert. Und so trifft sie kurze Zeit später auf eine höchst interessante Kombination: Schmuck mit dem Mehrwert einer heilenden Wirkung, und zwar mittels magnetischer Felder. „Die Schmuckstücke sahen überaus schön und ansprechend aus. Wenn sie jetzt noch so wirken würden, wie ich es mir wünschte, wäre das ja wirklich ein doppelt positiver Effekt, dachte ich mir insgeheim. Worauf also warten? Probieren geht über Studieren. Also kaufte ich mir die Grundausstattung und ließ mich gleichzeitig einschreiben, um in den Genuss eines reduzierten Preises zu kommen. Aber auch jetzt war ich immer noch nicht in der Network-Mar-

keting-Branche aktiv. Ganz und gar nicht. Ich trug lediglich den Schmuck …", berichtet Biserka Marseglia von ihren allerersten beinahe unbemerkten Berührungen mit Network-Marketing.

Zu ihrer eigenen Überraschung wird sie jedoch immer häufiger auf den Schmuck, den sie trägt, angesprochen. Ketten, Armreife machen Eindruck. Immerhin war sie somit quasi selbst ihre beste Ausstellungsfläche. „Die Stücke wirkten gleich doppelt – der Magneteffekt machte sich nach wenigen Wochen bei mir überaus positiv bemerkbar. Meine Beschwerden ließen spürbar nach. Und darüber hinaus fielen sie anderen aufgrund der Schönheit auf. Das machte mich nachdenklich und ich fragte in der Zentrale von Energetix, meiner heutigen Partner-Company, nach, wie man dieses Interesse geschäftlich nutzen könnte. Denn im Hinterkopf hatte ich immer noch all das, was man mir bei meiner ersten Begegnung mit Magnet-Produkten erzählt hatte. Der Samen war scheinbar unbewusst schon in mir gesetzt worden. Gleichzeitig kam ich ins Grübeln, wie es denn mit mir und unserem Institut weitergehen würde, wenn ich älter werde. Die Belastungen würden ja nicht weniger werden und mein Körper würde gleichsam die damit verbundenen Folgen auch künftig nicht so ohne weiteres wegstecken können. Was wäre also, wenn ich die Herausforderungen und Belastungen bei allem Engagement und Enthusiasmus für mein Unternehmen nicht mehr bewältigen könnte? In mir wuchsen latent Zweifel, was unsere Zukunft betrifft. Aber auch zu diesem Zeitpunkt hatte ich noch gar nicht das reine Network-Marketing-System im Sinn. Vielmehr dachte ich anfangs an einen Produktverkauf nebenbei, wo das eine oder andere Schmuckstück über den Tresen geht, ich aber dafür keinen körperlichen Einsatz zeigen muss", erläutert Biserka Marseglia, die heute das Network-Marketing-Business verinnerlicht hat und es regelrecht liebt und lebt.

Aber von ein „bisschen Produktverkauf" hin zu einer Top-Networkerin ist es noch ein langer Weg. Alles beginnt damit, dass sie eine erste Kollektion einkauft und diese Stück für Stück in ihrem Institut verkauft. Dabei ist nicht nur das edle Design der Stücke maßgeblich entscheidend, sondern ebenso die funktionierende energetische Wirkungsweise. Diese passt nämlich eins zu eins zur Geschäftsphilosophie der engagierten Unternehmerin, die insgesamt auf eine ganzheitliche Unterstützung des Körpers setzt. „Die Führung meiner Partner-Company hat damals sehr deutlich erkannt, dass ich für das eigentliche Network-Marketing-Geschäft vom Kopf her noch nicht so weit war, und ließ mich daher einfach nur Ware, von deren Qualität und Güte ich absolut überzeugt war, verkaufen. Ein schlauer Schachzug von den Führungskräften, mich nicht zu drängen. Denn so konnte ich mich auf eine gewisse Weise vorbehaltlos dem Geschäft nähern, mich immer mehr und enger mit der Company identifizieren. Die Vorteile des Systems und des Geschäfts wurden eher immer mal wieder nebenbei erwähnt und erklärt. Nämlich wie es funktioniert und auch in meinem speziellen Fall klappen könnte. Alles aber immer wohldosiert. Andernfalls hätte ich wahrscheinlich blockiert und dichtgemacht, denn ich habe die grandiosen Möglichkeiten eben nicht auf Anhieb erkannt. Natürlich, aus heutiger Sicht bin ich schlauer und hätte auch früher mein Business gestartet. Aber wir alle wissen ja: Hinterher ist man immer schlauer!", zwinkert die empathische Schmuck-Networkerin.

ICH HAB ES EINFACH GETAN, OHNE EINE ANLEITUNG ZU HABEN

Den Durchbruch im Business schafft sie wenig später, als sie von einer Kundin auf die angeblich üblichen Home-Partys angesprochen wird. Home-Party? Biserka Marseglia ist regelrecht überrascht, als sie darüber in ihrem eigenen Produktkatalog liest. Denn bisher hat sie weder so eine Veranstaltung besucht geschweige denn ausgerichtet. Aber warum nicht? „Einfach mal machen und ausprobieren. Und ich habe gemacht – ohne Anleitung und ohne zu wissen, wie es geht. Meinen Gästen habe ich die Kollektion präsentiert und dabei gar nicht lange um den heißen Brei herumgeredet. ‚Er sieht gut aus und dazu ist ein Magnetfeld in jedem Schmuckstück eingearbeitet. Mir hat es geholfen, euch vielleicht auch. Probiert es aus. Nehmt, was euch gefällt und wenn es nicht euren Geschmack trifft, gebt ihr es mir einfach zurück. Das ist nämlich auch kein Problem.‘ So ungefähr klang meine erste Ansage bei meiner ersten Home-Party …!"

Das Ergebnis war ein Umsatz von über 1.500 Euro, und plötzlich funkte es bei der bisherigen „Nur-Verkäuferin", die bis dato beim eigentlichen Network-Marketing noch gar nicht richtig angekommen war. Als dann noch eine Freundin Interesse daran hatte, ebenfalls diesen Schmuck verkaufen zu wollen, und sich wegen der Rabattmöglichkeiten bei Biserka Marseglia einschrieb, kam der Stein erst richtig ins Rollen. Denn bei der folgenden Abrechnung erkannte das Kosmetik-Institut-Inhaberpaar, was für großartige Chancen in dieser Branche auf sie warteten und wie viel Zeit sie bis dahin schon verschenkt hatten. Es hatte Klick gemacht – nach einem guten halben Jahr. Parallel dazu wird beiden klar, was sie mit drei bis vier Home-Partys pro Woche verdienen könnten und zwar mit jeweils vier bis fünf Stunden Zeitaufwand. Dies wiederum setzten sie in Relation zu ihrem Daily Business im Institut. Keine Frage, was da auf Anhieb luk-

rativer erschien: Network-Marketing. Mehr Umsatz, mehr Einkommen, und vor allem mehr Freizeit mit Freiheit!

Wer jetzt glaubt, die vorsichtige Network-Starterin, die heute eine Expertin und echte Network-Professional ist, schöpfte das Kundenpotenzial ihres Kosmetik-Unternehmens aus, der liegt falsch. Sicher, hier und da wurde das Schmuck-Network an der richtigen Stelle und zur rechten Zeit auch mal thematisiert. Hauptsächlich aber machte Biserka Marseglia durch Stände und Präsentationen auf sich und ihr Geschäft aufmerksam. Mal auf Messen, dann wieder auf Märkten, in Golfclubs oder Fitnessstudios und knüpfte so versiert außerhalb des Instituts wertvolle Kontakte, um neue Kunden sowie Geschäftspartnerinnen und -partner zu gewinnen. „Ich wollte es leicht haben und mir leicht machen. So, wie auf meiner ersten Home-Party. Also habe ich nicht groß argumentiert, sondern der Schmuck war mein bestes Argument. Zudem habe ich Interessenten stets auf den gesundheitlichen Zusatznutzen aufmerksam gemacht. ‚Diese Magnetfelder haben Millionen Menschen geholfen. Vielleicht unterstützt die Wirkung auch dich. Und wenn nicht, dann hast du eben nur ein schönes Schmuckstück. Wie man es auch dreht, du kannst nur gewinnen‘ – genauso lautete mein Gespräch. Und so einfach und unkompliziert gehe ich auch heute noch nach knapp 20 Jahren Network-Expertise vor. Wenn auch mein Hintergrundwissen im Vergleich zu damals natürlich erheblich größer geworden ist. Aber als Tipp für alle anderen: Macht das Geschäft nicht komplizierter als es ist. Und bei aller Information, die sein soll und muss: Redet eure Kontakte nicht kaputt, indem ihr sie mit ungefragtem Fachwissen zutextet. Ihr selbst und euer Produkt sprecht für euch allein“, betont die erfahrene Energetix-Führungskraft eindringlich, die heute das Geschäft allein betreibt, nachdem ihr Ehemann, der bis dato eine Stütze und zugleich begleitender Ratgeber war, vor einigen Jahren leider verstarb.

Das Business floriert. Biserka Marseglia spürt, wie sehr sie angekommen ist, wie groß der Spaß ist, den sie im Network im Zusammenspiel mit Produkt, System und Menschen erlebt, und da ließ auch die finale Entscheidung nicht mehr lange auf sich warten: Fokus auf Network-Marketing, volle Kraft voraus. Und der „Kosmetik-Tempel“ wurde parallel dazu verkauft, abgewickelt in kürzester Zeit. Die Zukunft hieß: Home-Party –

wo Umsatz generiert und Geschäftspartnerinnen und -partner zugleich gefunden werden konnten. Heute hingegen sind es dafür öfter Online-Par-
tys, die halt nur auf digitalem Weg abgehalten werden, aber ebenso stim-
mungsvoll. Begleitend dazu setzt die Leib-und-Seele-Networkerin voll
und ganz auf Direktansprache zur Kunden- und Partnergewinnung, wobei
ein Seminar bei REKRU-TIER ihr das nötige Rüstzeug vermittelt. „Ja,
ich bin einfach raus und habe auch fremde Leute angesprochen. Gelegenheit dazu gibt es immer und überall. Menschen, die mir irgendwie positiv
aufgefallen sind, egal wo. Das ist keine Zauberei, sondern nur etwas ganz
Normales, etwas Mitmenschliches mit anderen zu sprechen. Vor allem in
der heutigen Zeit, wo man so unglaublich vielen Menschen mit unserer ge-
nialen Geschäftsidee weiterhelfen kann. Völlig harmlos, aber total effektiv – genauso wie das Network-Marketing-Business", lächelt die in sich
ruhende und sympathische Networkerin, die wieder einmal beweist, dass
dieses sonst so schrille Business eben auch dezent, leise und diskret sein
kann, aber dennoch genauso erfolgreich.

BISERKA MARSEGLIA –
spontan gefragt, spontan gesagt

● **Mir ist Erfolg wichtiger als …**
„… meine Zeit zu vertrödeln!"
● **Freiheit bedeutet für mich, …**
„… alles, es ist für mich das höchste Gut!"
● **Manchmal möchte ich lieber …**
„… in ein anderes Land ziehen!"
● **Mein liebster Fehler an mir ist, …**
„… dass ich nur Schwäbisch sprechen kann!"

● **Ich langweile mich, wenn ...**

„... nichts los ist!"

● **Network-Marketing bleibt ein modernes Business, weil ...**

„... es für viele Menschen die Zukunft sein wird!"

● **Mein wichtigster Rat an alle Networker lautet, ...**

„... bleibt beständig und habt Mut!"

GABRIELE REICHARD

FOREVER

ICH BIN EINE GUTE TEAM-LEADERIN, WEIL ICH MOMENTUM ERSCHAFFEN KANN

Wie kommt eine gebildete, studierte, tugendhafte, fleißige, kreative und strebsame Frau, die mit beiden Beinen fest im Leben steht, in ein Business, das angeblich mit so vielen falschen Vorurteilen zu kämpfen hat? Ein Business, wo doch angeblich neben viel Lob und Ehr auch gern gezeigt wird, was man erreicht hat. Und wo man es einfach manchmal ein kleines bisschen besser versteht, sein Leben in vollen Zügen zu leben und seinen hart erarbeiteten Erfolg mit Recht zu genießen? Warum also ist eine durch und durch patente Frau wie Gabriele Reichard erfolgreich und begeistert im Network-Marketing-Geschäft tätig? Die Antwort: Eben genau weil sie gebildet, studiert, tugendhaft, fleißig, kreativ und strebsam ist. Oder kurz gesagt: Weil sie es kann! Diese Frau, mit ihrer präsenten, starken, überzeugenden Personality, ist genau dort, wo sie hingehört. Nämlich mitten in einem Business, das auf Können, Fleiß, Menschlichkeit, positive Aura, Vertrauen und ein selbst überzeugtes Ich setzt. Wenn also nicht sie, wer wäre dann für diese Branche überhaupt noch prädestiniert? Hört sich logisch an, ist es auch – war es nur nicht von Beginn an für Gabriele Reichard. Zwar war ihr von Anfang an ihre Freiheit in beruflicher Hinsicht nahezu heilig, weswegen sie eine für viele andere verlockende Festanstellung scheute, wie der Teufel das Weihwasser, aber den klassischen Werten für beruflichen Erfolg blieb sie dennoch treu: Kompetenz und Engagement. So verdiente die studierte Germanistin ihre ersten Brötchen als Lektorin in einem bekannten deutschen Verlagshaus – natürlich als freie Mitarbeiterin. Als dann doch aufgrund hervorragender Leistungen eine bestens dotierte Festanstellung „drohte“, entschied sie sich für ihre Freiheit. Auch, weil sie ohnehin schon zeitgleich mit der Ausbildung zur Heilpraktike-rin geliebäugelt und sich bei einer entsprechenden Lehranstalt beworben hatte. Und plötzlich war es da, ein großes Dilemma: das Angebot einer Festanstellung in einem soliden Verlagshaus, das für Sicherheit stand. Und daneben das Angebot zur Aufnahme an die Heilpraktikerschule, das mehr für Freiheit und innere Überzeugung stand. Die damals 24-Jäh-rige hörte auf ihr Herz und ihren Bauch, schlug das Verlagsangebot aus und drückte schon wenig später die Schulbank. Und Network-Marketing? Von diesem Business war zu diesem Zeitpunkt im Leben der Gabriele Reichard nichts zu sehen, zu spüren oder auch nur ansatzweise etwas zu erahnen. Diese bunte Welt existierte gar nicht für die angehende The-rapeutin. Dazu bedurfte es ganz anderer Komponenten, nämlich eines Mannes, einer neuen, dritten Profession und einer kleinen Prise glück-lichen Zufalls ...

Was jetzt folgt, klingt beinahe schon etwas kitschig und hat den Hauch ro-mantischer Prosa aus dem Bereich der Belletristik. Und doch ist es schön und ein brisanter Moment, den nur das wahre Leben schreiben kann. „Am dritten Tag kam ein Lehrer der Heilpraktikerschule in unseren Klassen-raum. Ich sah ihn nur von hinten. Und dennoch wusste ich noch im selben Moment: Den Mann werde ich mal heiraten! Eine Vorahnung und ein Ge-danke, der mich selbst überraschte, denn ich wollte überhaupt nicht hei-raten. Das passte gar nicht in meine persönliche Dogmen-Welt ...", lacht Gabriele Reichard heute noch. Vor allem, weil sie genau diesen Mann tat-sächlich wenig später geheiratet hat. Wieder einmal wurde die schon oft zi-tierte These bestätigt: „Achte auf deine Gedanken, denn sie könnten wahr werden!" Bei der sympathisch eloquenten Frau, die sich selbst durchaus als spirituellen Menschen einschätzt, traf dies auf alle Fälle zu. „Er wurde erst mein Mann, dann der Vater meiner drei Kinder – und ist heute mein Ex-Mann. Zudem war er damals irgendwie mitverantwortlich, dass ich von meiner geliebten Tätigkeit als Heilpraktikerin weg und zunehmend autodidaktisch hin zur kreativen Gestalterin und Designerin wechselte ..."

Zwar eröffnet die heutige Profi-Networkerin eine eigene Praxis in der City Münchens, doch als die Familie aus diversen Gründen weiter raus ins ländliche Umfeld zog, übernahm sie mehr und mehr andere Aufgaben – insbesondere auch, um den beruflichen Erfolg ihres Mannes mit zu supporten, der als Ausbilder und Heilpraktiker Seminare, Schulungen, Kurse und Weiterbildungen unterschiedlichster Themen seines Fachgebiets anbot. „Ob Flyer, Logos, Texte, Broschüren – ich habe für seine Veranstaltungen eine zunehmend gestalterische Funktion übernommen und somit fast ungewollt meine eigene Agentur ins Leben gerufen. Diese Aufgaben muss ich scheinbar so gut umgesetzt haben, dass sich mit der Zeit auch andere Kollegen meines Mannes meldeten, die mich ebenfalls darum baten, für sie ähnliche Aufgaben zu übernehmen. Aus der Unterstützung für meinen Mann wurde so sukzessive ein eigenständiges Geschäft. Auch, weil ich dazu überging, sogar Websites zu gestalteten, was Mitte der 1990er- Jahre noch ein Unterfangen mit Pioniergeist war, das damals absolut in den Kinderschuhen steckte und somit kein alltägliches Geschäft war ...", betont die kreative Unternehmerin.

Und so passiert's – eine Allgemeinmedizinerin aus München fragt im Jahr 2004 bei der „Selfmade-Designerin" um werbliche Unterstützung an. Das übliche Set vom Briefpapier über die Visitenkarte bis eben hin zur eigenen Homepage. „Der Auftrag hörte sich lukrativ an und deshalb bin ich flugs ins Auto gestiegen, um die Kundin persönlich kennenzulernen, weil die Anfrage vielversprechend war. Denn bei allen Aktivitäten meines Mannes und mir – Geld war damals in unserer Familienkasse wirklich kein üppiges Gut. Im Gegenteil, wir mussten sehen, wie wir als Familie mit inzwischen drei Kindern Monat für Monat über die Runden kamen. Für gelegentliche Extra-Ausgaben gab es keinen Spielraum.", gesteht Gabriele Reichard im Rückblick und weiß ihre heutige Network-Situation umso mehr zu schätzen, hat sie doch mittlerweile den Status finanzieller Freiheit, ein wesentliches Ziel vieler Networkerinnen und Networker, erreicht.

Während sie also auf den Auftrag bei der Ärztin fokussiert ist, blickt diese hingegen vielmehr auf eine markante Stelle am Ellenbogen ihrer Besucherin, die sie für auffällig hält. „Leiden Sie unter Schuppenflechte?", fragt sie sodann, was die damalige Designerin entschieden verneint. Und doch

bekommt sie postwendend zwei Tuben mit Aloe vera-Cremes überreicht. „Ich habe etwas für Sie, zwei sensationelle Aloe-Präparate, die hervorragend helfen. Ich liebe Aloe vera und arbeite daher damit sehr erfolgreich. Im Grunde könnten Sie das doch auch verkaufen. Vielleicht sogar zusammen mit Ihrem Mann in der Praxis …?", schwärmt die Allgemeinmedizinerin impulsiv drauflos. Es war passiert: der erste Kontakt mit den Produkten aus dem Forever-Portfolio der ebenso die erste Berührung mit dem Business Network-Marketing war.

„Ganz sicher nicht! So etwas würden wir niemals machen. Weder mein Mann noch ich würden solche Produkte verkaufen und schon gar nicht in der Praxis, never ever ...", platzte es förmlich aus Gabriele Reichard heraus. Thema erledigt – jedenfalls für die Ärztin. Heute schmunzelt die überzeugte und engagierte Networkerin über die Situation. Und damals? Da sah die Welt noch etwas anders aus. Sie bekommt nämlich trotz ihres Neins zu der „Business-Offerte" dennoch den Design-Auftrag, erledigt diesen wie üblich zur vollsten Zufriedenheit der Kundin – und entsorgt die geschenkten Aloe-Tuben ungeöffnet rund drei Monate später.

Dass Qualität sich immer lohnt, erfährt die „Münchnerin vom Lande" einige Zeit später, als die Ärztin erneut mit einem Auftrag „droht". Überraschung! Diesmal soll es eine Webpage für ihre besagten Aloe-Produkte werden, also für die, die bei Gabriele Reichard kurz zuvor in der Mülltonne gelandet waren. „Um den Auftrag gewissenhaft zu übernehmen, musste ich mich nun doch den Produkten widmen, mich damit ebenso beschäftigen, wie mit der dazugehörenden Company, dem Vertriebsweg und auch mit dem angeblich großen Ärzte-Vertriebsnetz, von dem meine Kundin sprach. Recherche war nun einmal die Grundlage für meine kreativ Tätigkeit. Was also habe ich getan? Eine Starterbox gekauft, mich eingeschrieben – und das alles nur, um das Nötigste für meinen neuen Auftrag kennenzulernen". So weit, so gut. Doch dann passierte etwas wirklich Entscheidendes ... Die Ärztin lässt Gabriele Reichard ihre Umsatzabfrage mit abhören, ein Vorgang, der damals üblicherweise per Telefon durchgeführt wurde. Durch den Hörer dringt eine Stimme, die eine Provision in Höhe von 7.800 Euro nennt. „Ich habe mich beinahe verschluckt, als ich diese Zahl hörte. So ein Einkommen nur durch ein bisschen Aloe vera? Das gibt's doch gar nicht! Ich war beeindruckt, ließ es mir aber nicht anmerken. Aber im Auto blieb ich regungslos hinter dem Lenkrad sitzen und in meinem Kopf fing es an zu rattern – 7.800 Euro mit Aloe vera, ...

7.800 Euro, … 7.800 Euro …' Die Zahl ging und ging mir nicht aus dem Sinn. Irgendwie hegte ich plötzlich die Hoffnung, dass mich die Produkte aus der Startbox, die ich von meiner Kundin gleich mitgenommen hatte, hoffentlich ebenso überzeugen. Denn dann könnte ich die Aloe-Produkte ebenso überzeugt empfehlen – immerhin für 7.800 Euro. Andererseits war ich mir ebenso sicher, dass es mir nicht schwerfallen würde, genügend Kunden zu finden, weil ich ohnehin über ein großes Netzwerk verfügte. Also sah ich insgeheim schon vor meinem geistigen Auge für mich ein riesiges, weltumspannendes Business. Und dies, ohne auch nur ansatzweise den kleinsten, blassesten Schimmer von Network-Marketing zu haben. Meine einzigen Trigger für meine plötzlichen Fantasien dabei waren primär die nette Ärztin, ihre beeindruckende Überzeugung für die Produkte und diese Summe, die mir weiter im Ohr klang. Ein Betrag, der in etwa das Doppelte von dem war, was meiner Familie und mir sonst zur Verfügung stand. Eine Summe, die mal eben so nebenbei mit einer Pflanze verdient werden konnte …", erinnert sich die heutige Forever-Partnerin an ihre zaghaften und „ungläubigen" Anfänge und schüttelt immer noch sanft lächelnd den Kopf über damals.

Es waren ein Gefühl, eine undefinierbare Gewissheit und eine innere Stimme, die dazu aufforderte, sich das noch unerklärliche Geschäft näher anzusehen und sich aller Widerstände zum Trotz damit nun doch einmal zu beschäftigen. Was machte die studierte Germanistin also? Na klar, sie kaufte sich Fachliteratur, dazu zwei Aloe-Pflanzen aus dem Bioladen und fing an, sich eingehend zu informieren. Als sich Tage später auch noch eine Freundin meldet, die gerade auf der Suche nach einer neuen beruflichen Herausforderung im Gesundheitswesen ist, hat die vielseitige Dreifach-Mutter sofort einen Tipp parat: „Ich habe gerade das Passende für dich kennengelernt. Steig doch ins Aloe-vera-Business ein …", sagt sie im Brustton der Überzeugung zu der Anruferin. Gesagt, getan – noch am gleichen Nachmittag schreibt sich die Freundin bei ihr und der Company ein. Der allererste Network-Anfang war gemacht – aber komplett unabsichtlich und vorsatzlos. Denn dass Gabriele Reichard gerade eine Partnerin für sich gesponsert hatte, war ihr in diesem Moment nicht einmal annähernd bewusst.

Auch nicht, als nur einen Tag später ihre Ex-Chefin aus dem früheren Verlag auftauchte, um mit ihr ein gemeinsames Projekt zu besprechen und sie plötzlich die Produkte aus der frisch gekauften Starter-Box entdeckte, die jetzt neu bei Gabriele Reichard das Ambiente im Büro mit prägten. Umgehend outete sich die Besucherin als begeisterter Fan dieser angeblichen Wunderpflanze, bestellte auf einen Schlag 24 Flaschen und natürlich – auch sie schrieb sich bei ihrer Ex-Mitarbeiterin ein. Auch wenn es nur darum ging, einen attraktiven Preisrabatt in Anspruch zu nehmen. Ungeahnter Umsatz und noch unbewusstere Expansion – die ebenso unwissende Neu-Networkerin ahnte zu diesem Zeitpunkt gar nicht, dass sie ungewollt einiges richtiger als richtig machte. Wie auch, hatte sie bis dato weder eine Geschäftspräsentation erlebt, noch wurde ihr das Geschäft vorgestellt. Ihre schier unglaubliche Ahnungslosigkeit manifestierte sich umso deutlicher, als sie plötzlich auch noch Geld von Forever überwiesen bekam und sie sich nicht im Klaren darüber war, warum, wieso, weshalb ... Einziger Ausweg: Sie informiert sich und ist wenig später nahezu fassungslos, wie einfach und schnell sie Geld verdient hat. Eben nur durch beiläufige Empfehlungen an zwei Freundinnen. Wie krass war das denn?

Und genauso „krass und easy" geht es weiter in der „ungeahnten Karriere" der heute so erfolgreichen Networkerin, die seit Jahren in der „deutschen Top-Ten-Liste" ihrer Company fest etabliert ist. Ein Beweis ihrer großartigen Performance. Es folgen fröhliche Meetings mit Freundinnen „Aloe-Note inklusive", mit diversen fachlich-spezifischen Nuancen, wobei sie selbst immer tiefer in das Geschäft eindringt und sich mehr und mehr nun auch bewusst ihrem Network-Erfolg widmet. Wohlgemerkt, ist sie doch regelrecht ungewollt in diese Branche „hineingeschlittert", nur weil sie für eine Kundin ursprünglich einen Flyer plus Website gestalten sollte, stattdessen aber pflanzliche Produkte mit einem perfekten Geschäftssystem erhielt. Ein kompletter Abweg vom Kausalverlauf. Und zweifelsohne kein üblicher, kein gewöhnlicher Weg ins Network-Business. Entscheidend aber ist dabei, dass über allem eine gefühlte Verheißung lag, die ihr zunehmend suggerierte, dass hier etwas geht, das woanders eben nicht geht. Das Unerreichbare erschien auf unerklärliche Weise erreichbar – was immer es auch sei und wie auch immer.

Aus heutiger Sicht lässt sich sagen, dass Gabriele Reichard sicher eher unkonventionell unterwegs war. Nicht eigensinnig, aber pragmatisch. Ein Weg, dem sie ständig bewusst und ebenso unbewusst treu geblieben ist. Bei aller positiven Blauäugigkeit: Schon in den ersten drei Monaten gab es eine Team-Website mit Hunderten Dokumenten im Partnerbereich, ein Logo, eine Facebook-Gruppe – also Grundlagen für eine erfolgreiche Community in Entstehung. Denn der Einsteigerin war sofort klar, dass angewandte Kommunikation, Schulungen, Austausch, Meetings das A und O für Momentum waren und sind. Ob unbedarft oder nicht: Das strategische Denken fand von Anfang an Anwendung. Intuitiv folgte sie ferner dem „Gesetz der Anziehung", statt sich die typischen Regeln und Arbeitsweisen im Network-Marketing zu eigen zu machen. Weniger, indem sie willentlich gegen den Strom schwamm, sondern mehr aus dem Antrieb heraus, dass sie darauf setzte, gefunden zu werden, statt andere zu finden. Und dies, indem sie mit ihrer individuellen Überzeugung eine vertrauensvolle Botschaft ausstrahlte. Eine, die Menschen auf sie zukommen ließ, um sich eben genau über das Thema Aloe vera mitsamt dem dazugehörenden Geschäftssystem zu informieren. „So habe ich mir das immer vorgestellt und so kam es dann auch. Es war mein klares Sendungsbewusstsein, nicht verkaufen zu wollen, sondern anderen zu helfen – durch die hochwertigen Produkte und die Chancen, die dieses einzigartige Business mit sich bringt. Das ist meine Art von professionellem Teamaufbau. Alles durch ein gewisses spirituelles Marketing, das zusammen mit meinem aktiven Network eben zu Network-Marketing auf meine eigene Art verschmilzt!", erklärt die anthroposophisch ausgerichtete Mutter, deren Kinder die Waldorfschule besuchten, und die auf Natur, Geist und Menschlichkeit setzt, wobei die Seele das verbindende Glied darstellt.

Ihre „etwas andere Arbeitsweise" zeigt sich, indem die Networkerin auch im Bereich Teamaufbau und Expansion eher zurückhaltend einlädt, statt forsch und direkt auf andere zuzugehen. „Ich zeige mich auf der Bühne, in Gesprächen, ebenso auf Social Media und lade dazu ein, mehr von mir zu wollen, mehr zu verstehen und dabei sein zu wollen. Mein Angebot biete ich jedoch zurückhaltend und dezent an, weil ich davon überzeugt bin, auf diese Weise einen Sog generieren zu können, der meiner Philosophie im Geschäft entspricht", erläutert sie.

Für Gabriele Reichard gibt es bei allen Erfolgen noch viel zu tun. Wertvolle Aufgaben warten auf sie in der Zukunft. So findet sie, dass das Business in seiner Diktion auch heute noch unnötigerwei-

se zu männlich wirkt. „Ich habe für mich die femininen Komponenten herausgefiltert und für meine Bedürfnisse modifiziert. So habe ich mich geformt und habe auf meine Weise innerhalb des Systems meinen eigenen Weg gefunden. Ich glaube einfach nicht, dass es nur ein starres System mit klaren Regeln gibt. Meine Vision ist das Gegenteil. Unser Geschäft besitzt die einzigartige Möglichkeit, Personen zu entwickeln. Und zwar so, dass man tatsächlich in die Rolle einer Führungsfigur hineinwachsen kann – ohne finanziellen Einsatz und Aufwand. Genau das begründet auch meinen Erfolg. Ich sehe mich als eine sehr gute Team-Leaderin, weil ich Momentum erschaffen kann, da meine Führungskräfte im Team immer Luft zum Atmen hatten und sich so permanent weiterentwickeln konnten. Es geht in unserem Geschäft nicht um einen selbst, sondern immer um die anderen. Nur so erwächst individuelle Qualität. Auf die setze ich, indem ich mich intensiv kümmere. Qualität geht ganz klar vor Quantität", definiert die „Forever-Überzeugungstäterin". „Das Geniale am Network-Marketing ist, dass Menschen ihre eigene, beste Werbeabteilung für ein bestimmtes Produkt sind, weil sie es selbst benutzen und damit zufrieden sind."

Ihr prosperierendes Unternehmen ist ihr Glück, ihre innere Erfüllung. Nennen wir es genugtuende Zufriedenheit, aber nicht Sattheit. Im Gegenteil, denn auch heute noch hat sie eine Mission: anderen Frauen zu zeigen, was in ihren Leben alles möglich sein kann. Sie dazu animieren, endlich in größeren Dimensionen, höheren Sphären zu denken. Neue Kategorien der umsetzbaren Möglichkeiten zu erfassen, zu begreifen und aktiv anzugehen. Weil es das Leben verändert, Sicherheit bietet, Unabhängigkeit fördert. Aber vor allem, weil Network-Marketing das adäquate Tool dafür ist. Ein Business, bei dem dann jede Frau – wie auch Gabriele Reichard – zu guter Letzt auf die Frage, warum sie in diesem Geschäft erfolgreich geworden sind, unisono antworten werden: „Weil ich es kann ...!"

GABRIELE REICHARD –
spontan gefragt, spontan gesagt

● **Mir ist Erfolg wichtiger als ...**
„... gar nichts – außer Familie und Gesundheit!"
● **Freiheit bedeutet für mich, ...**
„... alles!"
● **Manchmal möchte ich lieber ...**
„... die Zeit anhalten!"
● **Mein liebster Fehler an mir ist, ...**
„... dass ich manchmal zu direkt bin!"
● **Ich langweile mich, wenn ...**
„... ich mit substanzlosem Geplapper konfrontiert werde!"
● **Network-Marketing bleibt ein modernes Business, weil ...**
„... jeder Mensch überall JETZT damit starten kann!"
● **Mein wichtigster Rat an alle Networker lautet, ...**
„... fang erst einmal an und lerne dann erst, wie es geht!"

BETTINA MERSMANN

LAVYLITES

ERFOLG IST EINE FRAGE DER PERSÖNLICHEN GEISTESHALTUNG

*T*hink big – ein geflügeltes Wort aus dem amerikanischen Lifestyle. Denn nur wer groß denkt, kann auch Großes erreichen. Aber dieses Denkmuster hat nicht nur in den USA seine Daseinsberechtigung und findet nicht nur dort seine Anwendung. Die gleiche Einstellung ist auch in der kleinen, hübschen Studentenstadt Münster in Westfalen zu finden. Sich nicht mit dem Durchschnitt zufriedengeben, sondern mehr wollen. Mehr erreichen, weil mehr machbar ist. Ein Antrieb, der Kraft und Energie kostet. Zugleich ein Weg, der nicht immer leicht zu gehen ist. Aber Bettina Mersmann war bereit dazu. Warum? Weil die staatlich geprüfte Physiotherapeutin sich nicht nur mit der bloßen Behandlung von Symptomen zufriedengeben wollte. Schon mit dem Start in ihr Berufsleben wurde ihr bewusst, dass sie mit Massagen, Fangos, Drainagen und anderen therapeutischen Maßnahmen nur an der Oberfläche wirken kann, aber niemals in die Tiefe gehen wird. Und das sogar in doppelter Hinsicht – zum einen in Bezug auf eine ganzheitliche Gesundheit ihrer Patienten, zum anderen aber auch wirtschaftlich betrachtet. Denn durch „Zeit gegen Geld tauschen" ist noch niemand reich geworden oder gar finanziell unabhängig. Nun kann man diese Tatsache hinnehmen und sein Schicksal akzeptieren. Oder man handelt und agiert lösungsorientiert. Heißt im Fall der Münsteranerin: den therapeutischen Aspekt mit dem ökonomischen Streben zu verbinden! Und so fängt sie schon im Alter von 25 Jahren an, aus der Behandlungskabine regelrecht auszubrechen und etwas Großes zu schaffen: Sie baut ein physiotherapeutisches Therapie- und Behand-

lungszentrum auf. Zu guter Letzt sind es an die 20 Angestellte, die behandeln, trainieren, hegen, pflegen und bei den Patienten für vermehrte Gesundheit oder Rehabilitation sorgen. Bettina Mersmann, diese unternehmerisch geprägte Physiotherapeutin, ist zu diesem Zeitpunkt auf dem Weg nach oben. Kleine Spielchen sind nichts für sie. Ihr Ziel ist das „Big Game". Und sie geht ihren Weg. Hat Erfolg und könnte demnach doch zufrieden sein. Könnte, ... ist sie aber nicht. Mit zunehmender Zeit erkennt sie nämlich die tatsächliche Ursache vieler Symptome bei ihren Patienten. Denn oftmals sind es weniger der verspannte Muskel oder ein überreizter Nerv, sondern die Beschwerden sind häufig auf ganz anderen Ebenen zu suchen und zu finden. „Menschen, die in einem mentalen Korsett gefangen sind, die ihre Potenziale nicht ausleben können, die innerlich gefangen sind, sich nicht das zutrauen zu leisten, was sie aber durchaus zu leisten imstande wären, die verkümmern innerlich und entwickeln Symptome. Einfach gesagt: Menschen, die nicht ihrem Herzen folgen, werden krank!" Der ohnehin spirituell veranlagten Unternehmerin wird immer deutlicher, dass Gesundheit keine rein körperliche Angelegenheit ist, sondern primär auch die geistige Komponente von entscheidender Bedeutung ist. Darüber hinaus bleibt es nicht bei einem Gesundheitszentrum, sondern es kommt über die Jahre hinweg noch ein weiteres hinzu. Dennoch taucht immer öfter die Frage auf: „War es das schon? Das soll alles im Leben gewesen sein?" Bettina Mersmann begibt sich auf die Suche nach einer Antwort, denn sie spürt: „Meine Box ist mir zu klein geworden!" Doch dass Network-Marketing für sie einmal der Ausweg in die ersehnte Freiheit wäre, das ahnt sie zu diesem Zeitpunkt noch nicht einmal ansatzweise. Wie gut, dass der Zufall in diesem Moment zu Hilfe kommt und dass Bettina Mersmann an Zufälle glaubt. Zum Glück für sie und für die Network-Marketing-Branche, die ohne diese inspirierende Frau um einen wahren Leuchtturm ärmer wäre ...

Stagnation ist gefühlter Rückschritt! Eine These, die sie zu 100 Prozent bestätigen kann. Plötzlich ist da keine Luft mehr nach oben, es bewegt sich nichts mehr, weil ein Deckel schwer lastend auf einem liegt. So ungefähr ist die Gefühlslage in einer solchen Situation. Man fühlt sich ausgebremst, obwohl doch so viel möglich wäre ... „Wenn sich trotz Erfolg eine gewisse Unzufriedenheit innerlich breitmacht, weil man selbst spürt, man ist noch lange nicht da, wo man eigentlich hin will, dann muss man sich auf die Suche nach der Lösung begeben", macht die Gesundheitsexpertin deutlich. Denn zunehmend wird auch ihr die Enge des unternehmerischen Hamsterrades bewusst. Eine von der Uhr bestimmte Arbeit, wenig Freizeit, viel Verantwortung, körperliche und mentale Erschöpfung und dazu ebenso keine Aussicht auf mehr wirtschaftlichen Erfolg. „Ich hätte zu dem damaligen Zeitpunkt noch ein weiteres Gesundheitszentrum aufbauen können, aber das hätte an der eigentlichen Situation auch nichts geändert", resümiert sie und bekennt: „In mir war ein großer Wunsch, eine echte Sehnsucht nach Freiheit."

Freiheit – ein Wort mit erheblicher Tragweite, das aber immer anders definiert und interpretiert wird. Bettina Mersmann erklärt den Begriff ohne Schnörkel und psychologischen Firlefanz: „Ich wollte mehr Freizeit, weniger Belastung, weniger Gebundenheit, auch in geografischer Hinsicht, sowie mehr Einkommen. Die Grenzen mussten weg, damit ich weiter wachsen konnte – persönlich und wirtschaftlich. Die Perspektive auf Weiterentwicklung in diesen beiden Bereichen war mir überaus wichtig. Genau das war die Quelle für meinen inneren Antrieb. Diese Lust, in mir und um mich herum etwas zu verändern, die hat mich motiviert und mir die Kraft zum Tun gegeben", erklärt die Münsteranerin, die sich mittlerweile den Wunsch nach einer Standortveränderung erfüllt hat und heute an den Ufern des „Schwäbischen Meeres", besser bekannt als Bodensee, residiert – und zwar auf der Schweizer Seite.

Sie sucht, recherchiert, hält Ausschau nach einer alternativen Lösung? Und dann passiert es – der reine Zufall. Ein für das Network-Business so typischer Kaltakquise-Anruf erreicht die Richtige, nämlich die auf der Suche nach einer für sie passenden Lösung befindlichen Gesundheits-Unternehmerin. „Jeder andere hätte wohl gleich wieder aufgelegt oder zumindest freundlich die Einladung zu einer Geschäftspräsentation abgelehnt. Ich nicht. Es war ein Gefühl, eine innere Eingebung – irgendetwas in mir ließ mich Ja sagen. Was die einen Zufall nennen, ist für mich die Resonanz aus den richtigen Schwingungen, die mich erreicht haben. Ich spürte es, dass ich diesen Termin wahrnehmen sollte, musste und es auch wollte. Es war meine Intuition, die mich antrieb und mich innerlich überzeugte hinzugehen. Da ich jemand bin, der auf solche Zeichen achtet, der diese innere Stimme wie ein Signal hört und dieser energetisch-spirituellen Kraft folgt, habe ich zugestimmt. Wie gut, dass ich diesem Impuls nachgegeben habe, nur weil ich ihm vertraut habe …!"

Was sie aber dort bei dem kleinen Event in der Praxis eines Heilpraktikers erlebt, empfindet sie beinahe schon als eine Provokation. Denn plötzlich wird ihr gesamtes Leben, ihr komplettes Denkschema, werden all ihre bisherigen Glaubenssätze nicht nur durcheinandergewirbelt, alles wird regelrecht auf den Kopf gestellt. Zum ersten Mal überhaupt erfährt sie von der Magie Network-Marketing, von den großartigen Chancen, den einzigartigen Möglichkeiten, aber vor allem von der unkonventionellen Arbeitsweise. Sie bekommt das sensationelle System erklärt und kommt dabei aus dem Kopfschütteln gar nicht mehr heraus. „Die erlauben sich hier aber was …!", denkt die fleißige Unternehmerin bei sich und spürt parallel zu der Geschäftspräsentation, wie ihr gesamtes Ego regelrecht getriggert wird. „Ich konnte es in diesem Moment gar nicht fassen, wie es einerseits über diesen Network-Weg überhaupt möglich sein kann, so viel Geld zu verdienen. Dazu auch noch auf eine relativ einfache Weise.

So hörte es sich zumindest erst einmal an. Natürlich habe ich mir auf der anderen Seite gleich selbst die Frage gestellt, warum ich mir all die Jahre die unternehmerische Mühe gemacht hatte, warum ich so viel Zeit und Kraft in den Aufbau meiner Unternehmungen investiert hatte, wenn es doch auf der anderen Seite so einfach gehen könnte. Ja, ich empfand alles, was ich an diesem Abend erfuhr, zuerst einmal als eine wirkliche Provokation. Aber dennoch verspürte ich einen enormen Reiz, es auszuprobieren. Vielleicht auch, weil es sich hierbei um eine Company handelte, die die ganzheitliche Gesundheit der Menschen im Fokus hatte. Eine Materie, mit der ich etwas anfangen konnte. Zugegeben, das war wohl letztendlich das berühmte i-Tüpfelchen, was mich veranlasste zu starten …", resümiert die heute so überaus erfolgreiche Networkerin.

Von der klassischen Gesundheits-Unternehmerin hin zur atypischen Network-Marketing-Unternehmerin mit gesundheitlichen Schattierungen im Genre. Nein, Bettina Mersmann kann nicht von jetzt auf gleich aus ihrer gewohnten Haut. Vielleicht auch, weil sie dem neuen, untypischen System noch nicht wirklich vertraut? So ist es kein Wunder, dass sie in Büchern, Produktinfos und Fachberichten regelrecht versinkt. Sie studiert, vertieft sich in Ordner und jeder Menge Literatur und wird so zunehmend zum „Product-Nerd". Getreu dem Motto „Fachidiot schlägt Kunde tot" hinterfragt sie nahezu alles und avanciert zur leibhaftigen Spezialistin. Nützt es ihr etwas? Nein, nicht wirklich. Denn das Business lebt primär von vielen anderen Kompetenzen und Herausforderungen. „Ja, ich habe mir das Leben selbst schwerer als nötig gemacht. Heute weiß ich das auch. Aber Network-Marketing ist und war für mich eine individuelle Entwicklungsreise mit permanenten Lern-Effekten. Wobei ich ja auch erfolgreich war. Immerhin habe ich in dem alten Partner-Unternehmen über 13 Jahre hinweg eine hohe Karrierestufe erreicht – und das stets nebenberuflich", erklärt sie lächelnd.

Unterm Strich heißt das: 13 Jahre lang Doppelbelastung für Körper und Geist! Ein Kraftakt, der zwar mit einem erhöhten Zusatzeinkommen belohnt wird, aber von einst ersehnter Freiheit ist immer noch nichts für Bettina Mersmann zu spüren. Wie denn auch? Das Gegenteil war der Fall – mehr Arbeit, mehr Zeitaufwand, mehr persönliche Verantwortung und noch weniger Freizeit. Da hilft nur eins: die Reißleine ziehen! Und die Networkerin zieht sie. Mit einem Ruck!

„Ich wollte nicht mehr. Aus, Schluss, vorbei! Mein neuer Plan? Zurück ins klassische Unternehmertum. So lautete jedenfalls mein Vorsatz. Für einige Monate war das auch meine erlebte Realität. Und dann? Dann war es wieder so weit. Zeit für einen neuen Zufall. Oder wie ich es beschreibe: Es fällt zu, was fällig ist! Genau das ist mein Blickwinkel hierbei …“, macht die Erfolgs-Networkerin deutlich. Denn es ist weder überraschend noch verwunderlich, dass sie zu diesem Zeitpunkt kräftemäßig auf dem Zahnfleisch geht. Ausgelaugt und mental angegriffen schenkt ihr eine gute Freundin zwei Sprays. Mehr nicht, nur zwei Sprays. Dazu den Tipp: „Probier's mal aus, das wird dir helfen!" Und wer nichts zu verlieren hat, der hört auf so einen Rat. Zisch, zisch – gut gesprüht ist halb gewonnen. Es tut sich was. Bettina Mersmann spürt eine Wirkung, fühlt, wie die Energie in ihren Geist, in ihren Körper zurückkehrt. Und das bei jedem Sprüher mehr. „Ich war ebenso überrascht wie erstaunt. Aber egal, wichtig war, dass es mir half. Diese beiden Sprays brachten mich zurück in meine Spur. Sie taten mir einfach

nur gut. Und genau davon erzählte ich anderen, die die gleiche Wirksamkeit erlebten und mir dies bestätigten. Von diesen positiven Feedbacks inspiriert, traf ich eine wegweisende Entscheidung für mich. Eine, von der ich noch wenige Monate zuvor niemals gedacht hatte, dass ich es noch einmal tun würde. Aber ich war überzeugt und sagte mir selbst: Bettina, du trittst noch einmal an. Du machst es nochmal, und diesmal machst du es noch besser. Denn diese Produkte sind etwas ganz Besonderes. Sie sind zudem für das Network-Business wie maßgeschneidert: einfach, schnell wirksam, kundenfreundlich und als Grundlage dazu ein Unternehmen, das kurz vor einer enormen Wachstumskurve steht. Alles Zeichen, die für sich sprechen und noch mehr dafür, dass ich mir selbst eine zweite Network-Chance geben wollte. Ich hatte das Gefühl, dass mich der Weg diesmal doch endlich in die so lang ersehnte Freiheit führen würde …!"

DER GRUND FÜR IHREN ERFOLG
IST STRATEGIE MIT KONTINUITÄT

Die noch im Kopf verankerten Impressionen aus den ersten 13 aktiven Network-Jahren hallen nach. Positiv. Denn diesmal vermeidet Bettina Mersmann so manchen zuvor gemachten Fehler. Weiß es besser, macht es besser. Diesmal weiß sie, was zu tun ist, worauf es ankommt und wie sie das System für sich nutzt. Überzeugt und entschlossen verkauft sie ihre Gesundheitszentren und widmet sich voll und ganz den neuen Network-Herausforderungen. Nach gerade mal sechs Jahren wieder im Geschäft bei ihrem aktuellen Partner-Unternehmen Lavylites freut sie sich heute über rund 13.000 Partnerinnen und Partner in ihrer Downline. Das allein ist schon mal Beweis genug, dass sie diesmal sehr vieles richtig gemacht hat. Und in diesem Erfolg liegt kein Geheimnis, sondern der Grund dafür ist Strategie mit Kontinuität und purer Network-Arbeit. „Der wichtigste Schlüssel, um andere Menschen für sich und für die Chance Network-

Marketing zu begeistern, ist in erster Linie die eigene Authentizität. Zuerst das Bekenntnis zu sich selbst, es wirklich machen zu wollen. Zu sich selbst ja sagen und damit die anderen spüren zu lassen, dass man will, kann und zu dem steht, was man sagt und tut. Das schafft Vertrauen. Hinzu kommt, sich selbst zu strukturieren, um einen eigenen Rhythmus zu finden. Man muss sich organisieren können. Das beginnt mit dem Bekenntnis, gewisse Dinge, Gewohnheiten, bisherige Aktivitäten auch einmal loszulassen. Nur so verschafft man sich den nötigen Freiraum, um neue Dinge überhaupt erst tun zu können. Auf diese Weise entsteht Raum, damit Neues wachsen kann. Zu guter Letzt ist es dann die extreme und regelmäßige Konsequenz für notwendige Aktivitäten. Auch ich mache beispielsweise bis heute noch im gleichen Rhythmus Woche für Woche meine eigenen Präsentationen. Dranbleiben und niemals aufhören – das sind keine Phrasen, das ist essenzielles Network-Marketing und der Weg, der zum Erfolg führt", betont die Top-Führungskraft mit Nachdruck. Dabei setzt sie auf die tiefe und innere Überzeugung, dass sie ein Produkt der neuen Zeit anbietet.

Für sie sind Menschen eben nicht nur Geschöpfe aus Fleisch und Blut, sondern wir alle sind spirituelle Wesen in einem physischen Körper. Inklusive dem Bewusstsein, dass alle und alles miteinander verbunden ist. Es ist die authentische Überzeugung von ihrem Produkt, die aus ihr spricht und die sie zusammen mit der Einzigartigkeit des Network-Systems anderen glaubhaft vermittelt. „Den Nutzen, den ich hierbei erkannt habe, den teile ich offen und vorbehaltlos mit anderen. Genau das spüren die Menschen bei mir! Auch, weil ich sie nicht überzeugen will oder sie missioniere. Ich biete vielmehr eine positive Chance an, ohne Druck und ohne in die Verteidigungsrolle zu wechseln, wenn ich auf Einwände oder Ungläubigkeit stoße", erklärt sie und ergänzt, dass Erfolg in ihrer Betrachtung eine gewisse Form von Geisteshaltung ist, gepaart mit Umsetzungsstärke. Denn Rückschlägen oder Ablehnung begegnet sie mit der entsprechend positiven Einstellung. Sie hat sich innerlich darauf vorbereitet und eingestellt. Wer weiß, was auf einen zukommt, der ist im Fall des Falles auch nicht überrascht, wenn es mal schwieriger wird. So jemand fällt nicht um, sondern bleibt stehen, weil er für die Situation gewappnet ist. Das macht ein Stück weit die eigene Resilienz aus. Bettina Mersmann weiß, wo sie hin will, wo ihr Weg sie am Ende hinführt. Dieses Ziel ist eine Essenz ihrer Arbeit und macht somit ein erhebliches Stück ihres Willens und ihrer Widerstandskraft heutzutage aus. Sie pflegt quasi die Antwort auf die Frage, warum sie das macht, was sie macht. „Positiv im Mindset zu sein, heißt nicht naiv zu sein. Vielmehr orientiere ich mich an meinem gedanklichen Bild, wie ich mein Leben haben und führen will und wo mein Ziel ist. Daraus ergeben sich Emotionen, Schwingungen und ein Lebensgefühl, welches über die Herausforderungen hinwegträgt. Die Lösung steht im Vordergrund und nicht die Schwere einer Herausforderung", sagt sie und gesteht, dass ihre daraus resultierenden Lebensumstände für sie eine enorme Motivation sind. Denn endlich genießt sie ein Stück weit Freiheit, erlebt die Realität ihrer bisherigen Träume. Genau das gibt ihr Antrieb und Energie. Sie spürt hautnah: Es funktioniert!

Es funktioniert vor allem, wenn der Zeiger der persönlichen Geisteshaltung auf „positiv" steht. Leicht gesagt, für so manchen schwer getan. Denn nicht für jeden ist das Glas Wasser immer halb voll. Wie aber schafft man es von einem negativen zu einem positiven Mindset zu wechseln? Geht das überhaupt? Für Bettina Mersmann steht das außer Frage, da sie ohnehin die These vertritt: Der Wille allein zählt! Sich innerlich zu reflektieren und das Bewusstsein zu haben, darauf kommt es an. Wer das halb leere Glas im gedanklichen Fokus hat, der wird auch immer nur ein halb volles Glas sehen. Ihrer Ansicht nach bekommt man stets nur das, was man ist und was man sieht. „Wir alle sind das, was wir den Tag über denken und fühlen. Aber wir sind wiederum alle dazu in der Lage, unser Denken

und Fühlen zu lenken, es bewusst zu beeinflussen, indem wir uns ange-
wöhnen, auf die Dinge zu schauen und zu fokussieren, die gut laufen und
die uns stärken. Man spürt doch körperlich, ob man sich mental gerade
in der Abwärtsspirale befindet. Dann muss man bremsen, innehalten und
bewusst den Blick auf positive Dinge richten, um sich selbst wieder in
die Aufwärtsspirale zu bringen. Das ist keine Hexerei, sondern eine Frage
des Willens. Jeder entscheidet selbst, was er ins Visier nimmt. Für mich
ist das eine wesentliche Erfolgsunterstützung, diese Denkweise bewusst
zu kultivieren", bekennt die Top-Führungskraft, die von sich selbst behauptet, dieses positive Gedankengut sei ihr wesentlichster Erfolgsfaktor
neben einer gehörigen Portion Fleiß. „Bei allem Engagement fühle ich
mich freier denn je. Ich tappe in meiner Network-Arbeit nicht in die be-
rühmt-berüchtigte Management-Falle, indem ich mich zurücklehne und
nur noch zuschaue, was meine Team-Partnerinnen und -Partner machen

und ob sie etwas machen. Ganz im Gegenteil – ich führe als Vorbild. Das ist meine Devise!"

„Manifestieren statt malochen" – ein Network-Motto, das sich Bettina Mersmann auf ihre eigene Network-Fahne geschrieben hat. Eine Maxime, die für sich spricht und die doch etwas näher betrachtet werden muss. Immerhin ist das Network-Geschäft kein Spielplatz, auf dem man Erfolg geschenkt bekommt. Auch hier dreht es sich im Kern um die individuelle Geisteshaltung. Ist Network-Marketing wirklich Arbeit? Diese Frage stellt die erfahrene und mittlerweile erfolgsverwöhnte Network-Unternehmerin. Und dies zu recht, wenn man ihrer Erklärung folgt. Denn für sie geht es nicht nur um den permanenten Run auf noch mehr Umsatz, noch mehr Sponser-Gespräche, noch mehr Kontakte. Wer sich in diesen Aktivitäts-Sog begibt, für den ist das Business zwangsläufig eine Falle, aus der man vor lauter Action kaum noch herauskommt. Es wäre pure, harte Arbeit – Maloche eben! „Man kann sein Leben anders gestalten, indem wir die gewünschten Umstände manifestieren. Was ich damit meine ist, dass wir all das, was wir uns wünschen, beschleunigt erreichen, indem wir auf der Meta-Ebene arbeiten. Es geht meiner Meinung nach in unserem Geschäft nicht darum, regelrecht zu ackern. Eher sollten die Aktivitäten aus einer Haltung heraus resultieren, bei der es heißt: ‚Sorge erst einmal gut für dich, bringe dich selbst in einen guten Zustand. Kreiere darüber hinaus Dinge in deiner Vorstellung, die dich glücklich machen und bleibe in diesem Gefühl.' Es geht darum, im Geiste etwas vorzubereiten, was man später physisch-real haben und erleben möchte. Man visualisiert positive Gedanken und bleibt in diesem Gefühlszustand. Jeder entscheidet doch für sich, wie er etwas haben will. Es kommt darauf an, genau in dieser Denkposition zu verweilen. Das alles nenne ich manifestieren. Alles wird leicht oder zumindest leichter", führt die spirituell veranlagte Networkerin ihre innere Einstellung aus.

MAN KANN NUR EIN ERFÜLLTES LEBEN FÜHREN, WENN MAN REICH IST

Für sie ist es ein ehrliches, tiefes und inneres Bedürfnis, dass Menschen ein leichteres Leben führen können. Weil, und da ist sie sicher, Freude ohnehin die natürliche Basis des Seins ist. Dazu gehört auch die Kraft des Geldes. Reich zu sein, reich zu werden ist für Bettina Mersmann keine Schande und erst recht kein Makel, wie es gesellschaftspolitisch heutzutage gerne kolportiert wird. „Geld verdirbt den Charakter", heißt es nur allzu gern. Mag sein, aber sicherlich nur bei denjenigen, bei denen der Charakter auch ohne Geld verdorben ist. Die Lavylites-Führungskraft hat eine ganz eigene Erklärung, warum ihr Reichtum etwas bedeutet und die ist zumindest inspirierend: „Man kann nur ein wirklich rundes, erfülltes, freudiges Leben führen, wenn man reich ist. Warum? Grenzenloser Reichtum befreit. Er sprengt nämlich Grenzen. Auch, weil man grenzenlos Gutes tun könnte – und dann auch sollte! Helfen, wertvolle Projekte unterstützen und der Welt etwas zurückgeben. All das vermag Geld zu leisten, und all das wünsche ich mir, dass andere Menschen so leben und handeln können. Darum ist mir Reichtum wichtig!"

Da ist sie wieder – die eingangs erwähnte „Think big"-Einstellung einer bemerkenswerten Networkerin, die auszog, um Großes zu leisten und Großes zu erleben. Eine erfolgreiche Frau, die mit einer vorbildlich positiven Geisteshaltung die Welt erhellt und mit ihrem Tun diese Welt Tag für Tag scheinbar ein kleines Stückchen besser macht und andere mit einlädt, es ihr nachzutun. Auch dank der Kraft und der Möglichkeiten eines einzigartigen Systems, das Network-Marketing heißt …

BETTINA MERSMANN –
spontan gefragt, spontan gesagt

● **Mir ist Erfolg wichtiger als …**
„… Misserfolg!"
● **Freiheit bedeutet für mich, …**
„… wirtschaftlich, zeitlich und räumlich unabhängig zu sein!"
● **Manchmal möchte ich lieber …**
„… schwimmen gehen, weil es mein Kraftort ist!"
● **Mein liebster Fehler an mir ist, …**
„… dass ich doch manchmal zu viel arbeite!"
● **Ich langweile mich, wenn …**
„… nichts in Bewegung ist!"
● **Network-Marketing bleibt ein modernes Business, weil …**
„… es in Zeiten wie diesen immer wichtiger wird!"
● **Mein wichtigster Rat an alle Networker lautet, ...**
„… glaube an dich und daran, dass du schaffen kannst, was du wirklich willst!"

KARIN GERSTETTER

HYLA

GESUNDES GOTTVERTRAUEN HILFT, SICH IM NETWORK AUCH SELBST ZU VERTRAUEN

Aus der bayerischen Idylle mitten rein in den wilden Dschungel des brasilianischen Urwalds und von dort aus auf Umwegen hoch auf den Olymp des Network-Marketing-Erfolgs, um das eigene Unternehmen als versierte Managerin mit Hirn und Herz zu führen. Alle Achtung, was für eine Heldenreise und wie außergewöhnlich dazu. Aber für Karin Gerstetter ist das gar nicht so außergewöhnlich. Nein, denn Managerin wollte sie ursprünglich schon immer werden und zwar, um viel Geld zu verdienen. Nicht, damit sie einen extraordinären Lebensstil à la römischer Dekadenz führen kann, sondern um tatkräftig ihre Schwester zu unterstützen. Die wollte, durch viele gemeinsame kirchliche Jugendprojekte inspiriert, schon immer ihre soziale Ader ausleben und Entwicklungshilfe leisten. Dort in der Welt, wo es dringend notwendig ist. Ein ehrbares Vorhaben, das aber Geld, viel Geld kostet, wenn Hilfe auch spürbar werden soll. Insofern war Karin Gerstetters Plan gut durchdacht. Die eine hilft den Ärmsten der Armen, die andere hilft der Helferin. Aber wie so oft im Leben läuft's dann doch anders, ganz anders. Denn unterm Strich landete letztendlich die designierte Managerin im Urwald Brasiliens. Zusammen mit ihrem Ehemann leistete sie höchst wertvolle Arbeit mit schier unvorstellbarem Engagement bei einem indigenen Stamm und das für ganze zehn Jahre. Eine Zeit, die Spuren hinterließ und die beide Entwicklungshelfer mit tiefen Impressionen versah. So eine lange Zeit im gefühlten Nirgendwo, eine Zeit voller Mühen, Sorgen, Anstrengungen, voller Elend und Verzweiflung, aber auch voller Dankbarkeit, Güte und Herzenswärme, die prägt Menschen, die schweißt ein Paar zusammen, die erfüllt zugleich auf eine ganz *ureigene Art und Weise. Da fragt man sich doch, wie so ein schimmerndes Glamour-Business wie Network-Marketing noch Platz findet. Vor allem in einem Leben, das scheinbar so weit weg von dem typischen Network-Spirit ist. Und oh Wunder, genau das macht die Einzigartigkeit dieser Branche aus – hier kann wirklich fast jeder seinen Platz finden. Einen Platz an der Sonne des Lebens. Das gilt auch für eine engagiert-inspirierte Entwicklungshelferin mit christlicher Überzeugung, die den Wert von Geld ebenso zu schätzen weiß, wie sie bodenständige Alltäglichkeit lebt und vorlebt. Eine erfrischende Normalität, von der die Welt ein bisschen mehr gebrauchen könnte. Und das, obwohl sie auf der Karriereleiter ihrer Partner-Company Hyla auf den obersten Sprossen steht. Was das zugleich finanziell bedeutet, kann sich jeder denken. Doch das Metronom des Lebenstaktes von Karin Gerstetter schlägt in einem ganz anderen Rhythmus ...*

Zurück aus dem Urwald heißt zurück in eine andere Welt. Ein Leben, das sich wieder in den deutschen Alltag einfügen muss – in seine Regeln, Normen, Erwartungen. Vor allem in der tiefen fränkisch-ländlichen Provinz. Während die Frau mit dem großen sozialen Herzen auf der Suche nach einer neuen beruflichen Herausforderung ist, engagiert sich ihr Mann als Pfarrer einer Gemeinde. „Ich habe mich zwar ehrenamtlich in vielen Einrichtungen und Projekten eingebracht, fühlte mich aber dennoch gleichermaßen unterfordert. In mir war eine innere Unruhe, weil ich wusste, dass ich Fähigkeiten besitze, die einfach brachlagen. Das macht einen unzufrieden. Wir sind ja nach zehn Jahren aus Brasilien zurückgekehrt, weil mein Mann von einer der giftigsten Spinnen gebissen wurde und daran beinahe gestorben wäre, weil es kein Gegengift und keine wirkliche ärztliche Versorgung vor Ort gab. Aber er hat überlebt. Gott sei Dank. Zurück in Deutschland machten die Ärzte deutlich, dass er aufgrund der Folgen dieses Bisses eine neue Herzklappe benötigte. Man bedenke, er war damals gerade 40 Jahre jung. Kein Alter. Und dennoch wäre er beinahe nach der Herz-OP von mir gegangen. Da wurde mir bewusst, wie es sozial um mich stand. Keine Rücklagen, kein Geld, kein Anspruch auf staatliche Hilfe, da ich aufgrund der ehrenamtlichen Tätigkeit aus den gesetzlichen Versorgungseinrichtungen ausgeschieden wurde. Dazu noch zwei kleine Kinder, ja, wenn meinem Mann etwas passiert wäre, wovon hätte ich leben sollen? Das allein machte doch schon deutlich, dass ich etwas ändern musste und mich daher beruflich mit einem Verdienst einbringen wollte", berichtet Karin Gerstetter in aller Offenheit.

Sie landet schließlich in der Altenpflege. Eine Arbeit, die sie eigentlich nie machen wollte, die sie aber über die laufende Zeit hin lieben lernt. Kurz darauf zieht die Familie aus Franken weg hin nach Dachau, wo Pastor Gerstetter eine neue Pfarrei übernimmt. Und seine Frau? Die ursprünglich gelernte und vielfach weitergebildete Krankenschwester steigt wie einst vor der Entwicklungshilfe wieder in die Zeitarbeit ein. „Zu guter Letzt wurde ich auf der Onkologie eingesetzt. Ein Ort voller Leid und Schmerz. Und dennoch darf ich sagen, dass mich diese Aufgabe sehr erfüllt hat. Weil ich Menschen auf ihrem Leidensweg immer wieder einen guten Moment schenken konnte und sie dafür so unsagbar dankbar waren. Hier mal ein Fläschchen Wein, da mal eine kleine Schachtel Pralinen. Alles für mich sehr wertvolle Geschenke. Denn wenn man sich selbst aufgrund des geringen Einkommens so etwas nicht kauft, weil man es sich im Grunde nicht leisten kann, dann sind ein paar Pralinen eben auch wertvoll", macht die heutige Erfolgs-Networkerin deutlich.

Wer das deutsche Gesundheitswesen kennt, der weiß, dass es zwar funktioniert, hilft und effektiv ist. Der weiß aber auch, wie sehr die Menschen, die in diesem System tätig sind, unter Höchstspannung und absoluter Maximalbelastung arbeiten. Das trifft auf die Ärzteschaft ebenso zu wie auf Pflegepersonal oder Verwaltungskräfte. Und auch Karin Gerstetter bleibt von Stress, unzähligen Überstunden, Mobbing und Überbelastung nicht verschont – trotz Hingabe zum Job, Engagement und ihrem so human schlagenden Herzen.

„Genau in dieser Zeit trat ganz unverhofft und überraschend Network-Marketing in mein Leben ein. Aber ohne, dass ich es auch nur ansatzweise ahnte, geschweige denn wollte. In Form eines für mich außergewöhnlichen Produkts – eines Luft- und Reinigungssystems. Aber ein besonderes, das nämlich alle krankheitserregenden Partikel aus der Luft entfernt, statt sie, wie bei üblichen Staubsaugern, beim Saugen wieder hinten rauszupusten. Eine Freundin hatte mir das gute Stück empfohlen. Aber als ich den Preis hörte, wusste ich nicht, ob ich lachen oder nach hinten umkippen sollte. Undenkbar! Diese Summe hätten wir nie und nimmer in unserer damaligen finanziellen Situation aufbringen können. Dennoch ließ ich mich zu einer Produktvorführung überreden. Auch, weil meine Freundin dem Verkäufer angeblich gesagt hatte, dass er zwar bei mir den Staubsauger präsentieren könne, ich aber eh nichts kaufen würde. Na ja, wenn das so ist, dann sollte er mal kommen …", lacht die Hyla-Führungskraft herzlich.

MIT GLAUBEN UND SELBSTBEWUSSTSEIN
HERAUSFORDERUNGEN ANNEHMEN

Beinahe hätte sie den Termin vergessen, als sie abgehetzt und nach einer langen Schicht inklusive Überstunden von der Krankenstation nach Hause hetzte. Und da stand er dann – der Staubsauger-Vertreter. Karin Gerstetter weiß im ersten Moment gar nicht recht, was sie sagen soll, macht dann aber aus der Not eine Tugend. „Es sah bei uns noch vom Vorabend unaufgeräumt aus. Also habe ich ihm gesagt, er könne getrost loslegen, denn schließlich sei er ja gewissermaßen zum Saubermachen hergekommen …". Und während ihr Besuch fröhlich drauflos staubsaugt, spürt sie, wie sie plötzlich tatsächlich befreiter, tiefer atmen kann. Ja, gibt's denn so was? „Der Staubsauger wirkte wie eine Luftreinigungsmaschine. Und da ich von Kindesbeinen an stets mit den Lungen und Bronchien zu kämpfen hatte, und als strikte Nichtraucherin trotzdem an einem Raucherhusten leide, war

insbesondere bei der Hausarbeit die Staubsaugerei für mich ein Graus. Das machte mich immer regelrecht krank. Aber auf einmal konnte ich so gut ein- und ausatmen, dass ich beim anschließenden Gespräch darauf bestand, dass der Sauger an bleibt. Verrückt, oder? So frei hatte ich schon lange nicht mehr atmen können. Es war ein wunderbares Gefühl – und das dank eines Staubsaugers. Das allein schon war für mich

Grund genug, von den sonstigen eigentlichen Vorteilen abgesehen, dass ich dieses Gerät haben wollte", erzählt die Erfolgs-Networkerin voller Inbrunst von ihrem ersten Kontakt mit ihrer heutigen Partner-Company.

Zudem setzt die professionelle, freundliche und leicht verständliche Präsentation des Vorführers dem Ganzen noch die Krone auf. Wenn da bloß der gepfefferte Preis nicht wäre … „Mir wurden zum Schluss zwei Zahlungsweisen angeboten und dazu beinahe wortlos die Gratisvariante. Bingo! Na klar, das war die einzige Möglichkeit, die für mich überhaupt infrage kam und genau diese Variante wollte ich deshalb auch. ‚Das ist aber nicht so einfach', winkte der nette Verkäufer ab. Worauf ich ihm entgegnete, dass ich das schon schaffen würde. Ohne zu wissen, was ich zu tun hätte. Denn wenn der Liebe Gott will, dass ich so einen Sauger geschenkt bekomme, wird er schon dafür sorgen, dass es klappt. Darauf habe ich vertraut und das habe ich auch gesagt. Natürlich habe ich ungläubige Blicke geerntet, erst recht, als ich ihm im Brustton der Überzeugung mitteilte, dass ich selbstverständlich zehn andere Käufer finden würde, damit der Staubsauger dann kostenlos bei mir bleiben könne. Das nämlich war der Deal!"

Mit ehrlichem Gottvertrauen und offenem Herzen startet die fürsorgliche Mutter, Ehefrau, Krankenschwester, die ehrenamtlich Aktive, die Pfarrersfrau … ein neues Business. Als ob sie nicht schon eh genug zu tun hätte. Doch ganz tief in ihrem Inneren spürt sie, dass es ein hilfreicher Weg sein könnte, einer der nach oben führt und der vielleicht ein Wink des Schicksals, ein Wegweiser Gottes ist. Das Gedankenkarussell drehte sich immer schneller. Auch, weil der Ehemann ebenso noch überzeugt werden musste. Doch der wiederum überraschte sie mit tiefstem Vertrauen in ihre Verkaufskünste, dass es ihr im ersten Moment beinahe die Sprache verschlug. Selbst als sie ihm zu erklären versuchte, was sie machen müsse, um den

Staubsauger kostenfrei zu bekommen, stand es für ihn außer Frage, dass sie es schaffen würde.

BEIM NETWORK-MARKETING GEHT ES UM ERKLÄREN UND EMPFEHLEN

Tage später besuchte die aufgeschlossene Neu-Networkerin die Geschäftspräsentation von Hyla – und verstand nur Bahnhof. „Die großen Geldsummen, die man hier angeblich verdienen konnte, machten mich ganz schwindelig. Mir war das alles zu viel. Allein eine Tatsache zählte: Mit dem Besuch der Präsentation hatte ich nun endlich das Go, um verkaufen zu können. Das allein war für mich entscheidend, denn ich wollte loslegen", weiß sie zu berichten. Zuversicht und Erfolgsgewissheit resultierend aus religiöser Überzeugung – für Karin Gerstetter eine Quelle an Energie und Schaffenskraft.

So sehr, dass sie andere Nebenjobs, die sie bis dahin hatte, um wenigstens etwas mehr Geld in die Haushaltskasse zu bekommen, schon im Vorhinein aufkündigte. Denn ihr neues Leben hieß Network-Marketing. Und auch ihr Mann ist überzeugt, findet das Geschäft ethisch sauber und überhaupt traut er sich sogar selbst den Network-Job zu. Und das, wo er doch eigentlich den Verkauf so gar nicht mag. Aber, und das hatte er schnell erkannt, um Verkaufen geht es hierbei nicht. Es geht um erklären und empfehlen! „Ich war so glücklich, dass er mit dabei war und wir beide endlich wieder zusammen als Team arbeiten konnten, dass wir am nächsten Tag gleich nebenberuflich loslegten und zwar für ein Jahr. Erst dann stieg ich in die Hauptberuflichkeit ein. Zu einem Zeitpunkt als mir klar wurde, dass ich an wenigen Tagen mit Network-Marketing ein Vielfaches mehr verdiente als an all den anderen Tagen, die ich noch im Krankenhaus arbeitete. Als mir das wirklich bewusst wurde, traf ich die finale Entscheidung, dass ich ab sofort eine selbstständige Network-Marketing-Unternehmerin sein wollte. Endlich war ich da, wo ich einst hinwollte – ich war eine Managerin in meinem eigenen Unternehmen!", sagt Karin Gerstetter voller Glück und Stolz.

Wenngleich der Weg zu einer eigenen Orga, zu einem Team, das ja nun einmal zu einem wahren Network-Unternehmen gehört, doch noch ein paar Monate länger dauern sollte. Denn erst einmal stand bei ihr der Verkauf im Vordergrund. Der Bruder, die Schwester, Bekannte …

„Ich war ein lebender Infostand. Mit Leuten ins Gespräch zu kommen, war für mich noch nie schwer. Also habe ich das getan, was ich gut kann: reden! Ich habe so für mein Produkt gebrannt, ich konnte gar nicht anders, als anderen davon zu erzählen. Vielleicht war es meine ehrliche Begeisterung oder aber auch die Tatsache, dass alle von mir wussten, dass ich normalerweise jeden Pfennig gleich mehrmals umdrehte und immer extrem sparsam lebte. Wenn aber jemand wie ich plötzlich von einem Gerät schwärmt, dass einen doch ziemlich hohen Preis hat – der aber vollständig bis auf den letzten Cent gerecht ist, weil Leistung und Qualität dem gleichermaßen gegenüberstehen –, dann glaubt und vertraut man mir. Außerdem hatte ich mir immer vorgenommen, jeden Tag mindestens drei Menschen auf mein Geschäft anzusprechen. Und das habe ich auch getan, wo immer es sich ergab mit aller Kontinuität. Ich war wirklich unbremsbar. Es war wie ein innerer Drang, dass ich allen anderen von meinem Business erzählen wollte und auch musste. Auch wenn ich mir damit nicht nur Freunde gemacht, sondern sogar welche verloren habe. Aber so ist das Leben, so ist das Geschäft und vor allem, so sind die Menschen. Das musste ich auch erst lernen und akzeptieren", gesteht sie unumwunden und lacht: „Ich hatte anfangs gar kein System, sondern habe einfach nur gemacht, vor allem verkauft. Mir hat das Endkundengeschäft wirklich so viel Freude gemacht.

So entstand unser erstes festes Standbein im Network. Dennoch habe ich mit der Zeit erkannt, dass der eigentliche Reiz in unserem Business die Expansion ist und ich mir das Leben durch vermehrtes Sponsering erleichtern würde. Zusätzlich wurde mir mehr und mehr bewusst, dass ich damit ja auch meiner Ethik entsprechend anderen helfe. Ein Fakt, der mir bis heute überaus wichtig ist – egal, ob es die alleinerziehende Mami oder ein Familienvater ist. Ich schenke gern anderen eine Chance, bringe mich gern ein und immer ohne Druck oder anderen etwas konkret abzuverlangen. Ich weiß auch so, dass alles, was man gibt, auf dem einen oder anderen Weg zurückkommt. Ganz besonders in unserem großartigen, gesegneten Geschäft", betont die fromme Hyla-Top-Networkerin mit Herz.

Ihre beinah beglückende Unbedarftheit, ihre entgegenkommende Unbekümmertheit und ihre offenherzige Freundlichkeit faszinieren und verzaubern andere Menschen. Nein, es ist eben keine bloße Masche oder ein raffinierter, pragmatischer Dreh, sondern hautnah erlebte, echte Authentizität, basierend auf einem innigen ehrlichen und gelebten Gottvertrauen. Und ganz ehrlich: Warum soll der Herrgott nicht auch im Network-Marketing mal seine göttlichen Finger mit im Spiel haben? Einem Business, das schon so viele Menschen glücklich und frei gemacht hat und für sie somit zu einem wahren Segen geworden ist – Gott sei Dank!

KARIN GERSTETTER –
spontan gefragt, spontan gesagt

● **Mir ist Erfolg wichtiger als …**
„… Geld, weil Geld zum Erfolg dazugehört!"
● **Freiheit bedeutet für mich …**
„… einfach alles, denn nichts steht über der Freiheit!"

● **Manchmal möchte ich lieber ...**

„... nach Brasilien zurück!"

● **Mein liebster Fehler an mir ist, ...**

„... dass ich manchmal etwas sage, was man eigentlich besser nicht sagen sollte!"

● **Ich langweile mich, wenn ...**

„... jemand zu viel redet, aber trotzdem nichts zu sagen hat!"

● **Network-Marketing bleibt ein modernes Business, weil ...**

„... es Menschen veredelt und keine Vorbehalte kennt!"

● **Mein wichtigster Rat an alle Networker lautet, ...**

„... immer ehrlich zu sein und auch zu bleiben!"

ZINAB RIZVI

ZINZINO

LERNE TÄGLICH, DENN MAN WIRD SPÜRBAR IMMER BESSER, JE ÖFTER MAN ES TUT

Manchmal ist es sinnvoll, eine Abkürzung zu nehmen, auch wenn das ursprüngliche Ziel dann gar keine wesentliche Rolle mehr spielt. Vor allem, wenn man an einem Bestimmungsort ankommt, zu dem man zunächst überhaupt nicht hinwollte, der sich aber final dennoch als absolut richtig entpuppt. Hört sich irgendwie verstörend an, oder? Aber nur auf den ersten Blick. Denn Zinab Rizvi ist exakt so einen vermeintlich holprigen Weg gegangen. Kurz vor dem Ziel abgebogen, Richtungswechsel und dann dort ankommen, wo es ihr überraschenderweise rundum gefällt. Nur, dass sie genau das vorher nicht wusste ...

Die gebürtige Wienerin mit pakistanischen Wurzeln brach aus persönlichen Gründen vor dem Abitur, oder wie es in Österreich heißt „Matura", das Gymnasium ab. Zwar wollte sie ursprünglich Ärztin werden, aber dem Gesundheitswesen blieb sie dennoch treu – und streifte doch noch den weißen Kittel über. Allerdings, indem sie den Beruf der pharmazeutisch-kaufmännischen Assistentin, kurz PKA, erlernte. Zum Glück – für sie und die Network-Marketing-Branche. Denn ob sie als Ärztin in dieses schillernde Business eingetaucht wäre, darf zu Recht bezweifelt werden. Doch ob es für die exotisch-charmant anmutende Wienerin auf den ersten Blick gleich ein Weg des Glücks war, ist auch nicht ganz so sicher. Immerhin biss sie sich mit Disziplin und Willen durch die Ausbildung. So gut, dass ihr schon frühzeitig Verantwortung anvertraut wurde, der sie mehr als gerecht wurde. Doch als sie auf ihrer letzten Station trotz ihres großen Engagements, trotz Einsatz und trotz vieler Überstunden sowie Liebe und Hingabe zum Job und zur Apotheke höflich ein einziges Mal

um eine Gehaltserhöhung nachfragt, ist das Resultat nicht nur ernüch-
ternd – es ist geradezu niederschmetternd. Sie, die mit absoluter Disziplin,
perfektem Time-Management, viel Verantwortung und Loyalität zu Werk
geht, erhält höchste Lobreden. Doch davon kann sich bekanntermaßen
niemand etwas kaufen. Es ist Zeit für eine höhere Auszahlungssumme auf
dem Lohnzettel. Und die Erhöhung kommt tatsächlich bei der nächsten
Abrechnung. Satte 20 Euro brutto! Das war keine Gehaltserhöhung, das
war eine schallende Ohrfeige. Denn jeder weiß, was von 20 Euro brutto
unterm Strich nach Abzügen von Steuern, Sozialabgaben, Versicherungen
übrig bleibt – nämlich nichts! Genug ist genug! Und wie so oft im Leben
schließt sich eine Tür und eine oder mehrere öffnen sich dafür. Bei Zinab
Rizvi sind es gleich zwei Optionen, die sich perspektivisch eröffnen. Zum
einen konfrontieren ihre Geschwister sie mit der Idee, ein Familienunter-
nehmen starten zu wollen. Der Plan: ein kosmetisches Waxing-Studio er-
öffnen. Auf der anderen Seite wird sie in der Apotheke, wo sie unter ande-
rem für den Einkauf mit zuständig ist, von einem Außendienstler auf das
Thema Network-Marketing angesprochen. Hups, zwei Chancen mit zwei
Unbekannten. Eine Rechnung, die in der Regel nicht unbedingt aufgeht.
Dennoch widmet sich die heutige Networkerin anfangs der Geschwister-
Unternehmensidee. Wahrscheinlich auch aus Loyalitätsgründen. Doch
mitten im Vorbereitungs- und Planungsprozess zwischen Bank-Terminen,
Businessplan-Erstellung und Waxing-Seminaren kommen ihr Zweifel. Al-
les hängt schließlich wieder an ihr, erneut ist sie gefangen – in sich selbst,
im Unternehmenskredit und in ihren künftigen Aufgaben. Die Luft zum
Atmen wird für die verantwortungsbewusste Wienerin also auch künftig
immer dünner. So dünn, dass für sie nur noch ein Ausweg offensichtlich
ist – letzte Ausfahrt Network-Marketing ...

Heute behauptet Zinab Rizvi von sich selbst: „Ich musste irgendwann
im Network-Marketing-Geschäft landen. Daran führte aus heutiger Sicht

gar kein Weg vorbei. Das war für mich eine Notwendigkeit und meine Vorbestimmung zugleich. Denn ich bin vom Grund her eine sehr analytisch denkende Frau. Eine Profilerin, die es liebt, in anderen Menschen zu lesen, sie zu studieren und entsprechend einzuschätzen. Eine Veranlagung, die für unser Business sehr nützlich und von großem Vorteil ist. Daher gehe ich auch analytisch beim Teamaufbau vor. Nicht die Menge und Masse machen es aus, sondern die jeweilige Qualität. Passen die Frauen und Männer zu mir und passe ich wiederum zu ihnen? Darum geht es. Das auszuloten, bringt erst den wahren Spirit und macht die Qualität eines Teams aus", macht die smarte Wienerin deutlich, für die man getrost eine neue TV-Serie auflegen könnte mit dem Titel „CSI Network-Marketing".

Und noch eine Fähigkeit, die Zinab Rizvi beinahe unbemerkt zu eigen ist, kommt ihr im Network-Geschäft zugute: Ihre Führungsqualitäten. Eine Kompetenz, die sie auch nach der Lehre bis zum Schluss in ihrer Laufbahn in den diversen Apotheken perfekt einsetzen und spielen kann. So gut, dass dies auch dem besagten Außendienstler auffällt, der sie auf das etwas andere System und damit auf ihre große Chance anspricht. Eben weil er in ihr ein großes Potenzial zu sehen glaubt, das in ihr schlummert. Insgeheim kann er sich schon vorstellen, was für eine wertvolle künftige Führungskraft sie sein würde.

Ein erster Termin wird also vereinbart, das Geschäft mitsamt dem System werden erklärt – und die Pharma-Expertin lehnt freundlich, aber entschieden dankend ab. Nein, diese Geschäftsidee passt ihrer Meinung nach so gar nicht – weder zu ihr als Typ noch in ihren Tagesablauf. Was sich auf den ersten Blick so final anhört, ist aber gar nicht so wirklich endgültig. Denn immerhin besucht sie auf seine Einladung hin doch noch einmal eine Unternehmenspräsentation und gibt auch den Produkten letztendlich eine Chance. Und das, indem sie diese an sich selbst testen und ausprobieren will. Leider mit komplett durchschlagendem Misserfolg – denn ihr Körper reagiert extrem allergisch auf bestimmte enthaltene Inhaltsstoffe. Auweia! Viel schlechter kann es ja wohl nicht laufen, um in eine Branche einzusteigen, zu starten und zu guter Letzt erfolgreich Fuß zu fassen, oder? Doch wie sinnvoll und wertvoll es einerseits als Networker ist, dranzubleiben, und auch beim ersten Nein nicht gleich aufzugeben, und andererseits als Aspirantin sich ruhig für eine Chance noch einen zweiten oder dritten Ruck zu geben, das wird nun deutlich. „Ich verstehe von meinem ursprünglichen Beruf her etwas von Inhaltsstoffen. Daher war mir auch bewusst, nur weil ich auf die Kosmetik-Präparate negativ reagierte, können sie für andere ja durchaus wertvoll sein. Ein Blick auf die Zutaten machte mir das deutlich. Es waren ausgewählte Ingredienzien bes-

ter Qualität darin enthalten", erklärt Zinab Rizvi und ist heute ein Stück weit froh darüber, sich nicht voreilig selbst aus dem Spiel genommen zu haben.

Aber warum nicht? Das System kommt ihr angeblich suspekt vor. Die Produkte lösen bei ihr eine heftige allergische Reaktion aus. Somit ist das alles andere als eine ideale Startvoraussetzung in eine neue, unbekannte Arbeitswelt mit einem zudem völlig fremden System. Aber das „Wiener Madl" macht etwas richtiger als viele, viele andere. Sie informiert sich und macht sich schlauer als schlau. Und zwar nicht mal eben so auf die Schnelle über Google & Co, sondern sie holt sich echte, sauber recherchierte, seriöse Informationen bei der Österreichischen Wirtschaftskammer! Zwei Fragen stehen auf ihrer Prioritätenliste ganz oben: 1. Ist das Business legal? 2. Kann einen das Geschäft in die Schuldenfalle treiben? Die Antworten, die sie findet, sind eindeutig: Ja, das Business ist absolut legal und nein, sie gerät nicht in eine dubiose Schuldenfalle. Zwei Erkenntnisse mit einer abschließenden Entscheidung: „Ich bin dabei und versuche es trotz aller anfänglichen Fragezeichen im Kopf!"

Zudem hatte die Networkerin einen weiteren drängenden Grund, der ihr schlaflose Nächte bescherte: ihre finanzielle Situation. Geldknappheit auf der Einkommensseite und obendrauf Schulden, die sie auf der Habenseite drücken. Umstände, aus denen sie dringend flüchten will – und muss! Um sich ihrer Hauptmotivation immer bewusst zu sein, greift sie zu einem ebenso harten wie effektiven Mittel: Ihr „Warum" schlummerte nämlich jede Nacht unmittelbar neben ihr und mit diesem „Warum" wachte sie auch auf. Schulden, die sich in Form von Mahnungen stapelten und die sie deshalb direkt unter ihr Kopfkissen packte. Jeden Morgen konnte sie somit den Tag mit dem Lied beginnen: „Guten Morgen liebe Sorgen, seid ihr auch schon wieder da …!" Ja, die Schulden hingen an ihr wie eine Klette und ihr Fokus war auf ein Ziel gerichtet: Die müssen weg! Von allein aber würde das nicht passieren. Das einzige Mittel, was dagegen half: kämpfen und Geld verdienen. Und genau die Chance bot sich Zinab Rizvi jetzt endlich durch Network-Marketing …

Doch ein Selbstgänger ist auch dieses aufregende Geschäft nicht. Und so war auch der Start der heute so erfolgreichen Networkerin alles andere als „easy going". Im Gegenteil. „Ich weiß noch, als ich beim Startertraining von meinem Sponser nach meiner Hunderter-Liste gefragt wurde. Meine

Antwort war Achselzucken, Kopfschütteln und mein Geständnis lautete: ‚Auf meiner Liste stehen sechs statt 100 Namen drauf‘, was zuerst als bloße Ausrede gewertet wurde. War es aber nicht. Denn als ich zum Beweis mein Handy präsentierte samt Kontaktliste, waren dort ganze neun Kontakte verzeichnet. Nicht mehr und nicht weniger. Neun! Ich hatte damals einfach kein Netzwerk. Mir blieb also nur eine einzige Chance, um aus Nichts etwas zu machen – rausgehen, Leute kennenlernen, ansprechen und auf Direktkontakte setzen. Und das habe ich gemacht, indem ich meinen inneren Schweinehund überwunden habe. Es geht, wenn man muss …“, bekennt die Network-Durchstarterin, die man mit Fug und Recht so nennen darf. Denn sie ist bei null, wenn nicht sogar im Minusbereich gestartet und hat es trotzdem geschafft, wie man heute weiß. Und zwar schon sehr weit nach oben …

Aber wie? Wie hat diese beeindruckende Frau sich durchgekämpft? „Was meine damaligen Skills betrifft, hatte ich wirklich schlechte Voraussetzungen. Analytisches Denken und Führungsstärke sind zwar gut, aber nützen erst wirklich etwas, wenn man diese Fähigkeiten auch einsetzen kann. Und genau dazu fehlte mir das Wichtigste: Kontakte! Vielmehr war ich anfangs extrem nervös. Darüber hinaus besaß ich so gut wie kein Selbstbewusstsein und somit hatte ich extrem große Zweifel, ob jemals jemand bei mir mit einsteigen würde. Insofern gab es für mich ja nur zwei Optionen: Entweder hätte ich mich gleich zu Anfang geschlagen gegeben, oder aber ich musste kämpfen. Ich weiß, das hört sich sehr profan an, aber es ist die Wahrheit: Ich habe mich aufgerafft, habe mich durchgebissen und mir z.B. auf YouTube Videos, primär die von REKRU-TIER, angesehen, wie man Menschen niveauvoll anspricht. Und dann habe ich es nachgemacht. Immer und immer wieder. Und jedem kann ich an dieser Stelle versprechen: Man wird besser, immer besser, je öfter man es tut. ‚Learning by doing‘ heißt die Devise. Nicht unbedingt neu, aber es funktioniert eben genau so. Das ist keine neue Erkenntnis, aber eine Bestätigung der These. Nein, es ist nicht leicht und das behauptet auch niemand. Auch ich hatte Panik, Schweißausbrüche. Ich weiß gar nicht, wie oft ich auf jemanden zugegangen bin und innerlich sehnlichst hoffte: ‚Bitte ignoriere mich einfach', weil ich Angst vor einem beginnenden Gespräch hatte. Und, auch das gebe ich hier unumwunden zu – es hat gut zwei Jahre gedauert, bis ich schließlich zählbare, nachhaltige Erfolge verzeichnen konnte. Aber ich kann als Resümee heute behaupten, dass sich all die Mühe, die Ausdauer, das Durchhalten mehr als gelohnt haben", betont die Zinzino-Führungskraft voller Überzeugung, die heute von sich sagt: „Mein Team ist mein Branding!"

ERFOLGS- ENTSCHEIDUNG UND DURCHBRUCH IN EINEM DER SCHWERSTEN MOMENTE

Doch vor dem ersehnten Durchbruch stand erst noch ein Company-Wechsel an. Und der war überaus entscheidend. Auch, weil ihr die neue, innovative Produkt-Welt viel mehr liegt, noch erheblich mehr zusagt und zudem von Beginn an einen tiefen Eindruck hinterließ. „Bei Zinzino wird ja eine bestimmte Gesundheits-Analyse angeboten. Den Test habe ich selbst gemacht und das Ergebnis war alles andere als positiv. Ich wollte es noch genauer wissen und bin mit meinem Befund ins Hospital zum Check gegangen. Anfangs äußerste die Ärzteschaft dort sogar einen Tumorverdacht, der sich dann aber zum Glück während der stationären Behandlung im Nachhinein als Hormonproblem herausstellte. Das aber war für mich der entscheidende Anlass mich voll und ganz für die neue Company zu entscheiden. Ich wollte mir und meiner Karriere eine zweite Chance geben und setzt von diesem Zeitpunkt an alles auf die Karte Network-Marketing bei meiner heutigen Partner-Company", erklärt die vom Leben immer wieder geprüfte Wienerin.

Zinab Rizvi hat scheinbar nur die schwersten Prüfungen abbekommen, die auch das Network-Leben so mit sich bringen kann. Aber sie ist zugleich enorm an diesen Herausforderungen gewachsen, gereift und gestärkt daraus hervorgegangen. „Ich werde es nie vergessen, als mein Vater im Krankenhaus lag. Ich war das allererste Mal in meiner Network-Karriere kurz vor dem Erreichen einer hohen Position. Es ging für mich um alles. Mir fehlte nur noch ein einziger Partner, und um den für mich zu finden, blieben mir ganze zehn Minuten. Mein Sponser machte mir klar, dass ich die Wahl hätte: Entweder am Bett bei meinem Vater zu sitzen oder diese jetzt entscheidenden zehn Minuten einmal für mich zu nutzen und noch einen weiteres Mitglied für mein Team zu finden. Und ich habe es hinbekommen. Eine Freundin, die eigentlich erst in zwei Wochen mit einsteigen wollte, konnte ich überzeugen, dass genau jetzt der richtige Zeitpunkt wäre. Auch, weil ich ihr offen und ehrlich gesagt habe, worum es für mich hierbei ging. Und yes, sie hat's getan. Wieder hatte sich der Kampf gelohnt und es war zugleich mein persönlicher und der entscheidende Durchbruch in meiner heutigen Karriere. Ich bin meiner Freundin auf ewig dankbar für ihr Vertrauen ...", freut sich die erfolgreiche Networkerin, die mittlerweile ihren Lebensmittelpunkt nach Dubai verlagert hat. Dort ist sie für sich angekommen und hat den passenden Ort für sich gefunden, an dem sie sich rundum wohlfühlt und ihren inneren Frieden gefunden hat.

Die Neu-Emiratin hat aber nicht nur den richtigen Platz für sich gefunden, es ist vor allem das richtige Business, zu dem sie sich auf beeindruckende Weise und allen Widrigkeiten zum Trotz durchgekämpft hat. „Ich weiß aus eigener Erfahrung wie wichtig – gerade zu Beginn – ein positives Umfeld ist. Aber die Wahrheit ist: Nicht jeder hat so etwas. Ich damals auch nicht. Keine Kontakte und meine Familie stand dem Geschäft mehr als kritisch und skeptisch gegenüber. Aber, und das hat mich diese Zeit gelehrt: Wenn du so ein Umfeld nicht hast, nämlich eins, das dich nicht in-

spiriert, motiviert und keine guten Dinge zu dir sagt, dann erschaffe es dir. Das nämlich geht immer. Ich habe zu Beginn meiner Laufbahn eben diese ganzen großartigen Speaker im Internet gefunden und habe mir ihre Reden und Tipps angehört. Aber auch die Redner auf den Events meiner Partner-Company. Das alles hat mir viel gegeben. Und on top die beeindruckenden Storys der anderen aus anderen Teams. Das war so inspirierend für mich und hat mir immer wieder gezeigt: Es geht. Es geht für jeden anders, aber es geht! Das waren alles Menschen und zugleich Vorbilder, auf die ich gehört habe", resümiert die Profi-Networkerin, die heute weiß, dass nur sie allein ihren Erfolg und die Größe ihres Network-Business bestimmt.

ICH WOLLTE EINE PERSON WERDEN, DIE ANDERE INSPIRIERT

Allein, indem sie penibel, exakt auf ihre Zahlen achtet und daraus die nötigen Schlüsse zieht und entsprechend agiert. Zudem hat sie eine Art Transformation in der Personality vollzogen. „Ich habe anfangs in den Spiegel geschaut und sah keine Person, die mich inspirierte. Aber wenn wir ehrlich sind, schauen wir uns alle nur Menschen an, die uns eben doch inspirieren. Genau zu so einer Person wollte ich werden. Wie ich das geschafft habe? Durch permanentes Lernen und Üben, vor allem von anderen, von erfahrenen, erfolgreichen Menschen aus unserer Branche, aus meiner Partner-Company und von meinen ‚virtuellen Freunden im Netz‘, die mir geholfen haben, immer besser zu werden. Ich habe so – allen voran auch durch REKRU-TIER – alles gelernt, was ich lernen musste, um es zu schaffen und gut ein Team führen zu können. Das ist das ganze Geheimnis, das an sich gar kein Geheimnis ist", lächelt die so grundehrliche Zinzino-Führungskraft, die wie ein weiblicher Phönix aus der Asche ihrer eigenen alten Persönlichkeit hervorgestiegen ist. Eine Asche, die voller Ablehnung, negativer Erlebnisse und damit auch voller Selbstzweifel war.

Heute hingegen besitzt dieser Phönix die Aura, um Menschen zu transformieren. Sie zu dem zu machen, was sie wirklich auch verdient haben, ohne dass sie selbst dies vorher wussten. „Diese Transformation hat mir geholfen, anderen Menschen ein neues Leben zu schenken, Genau das macht auch meinen Werdegang aus", sagt sie. Auch darum ist die erfolgreiche Networkerin heute stolz auf sich, aber ebenso auf die alte Zinab, die einst gestartet ist. Denn sie hat so manchen Schritt gemacht und auch gewagt, den sich nicht jede Frau oder jeder Mann zugetraut hätten. Sie ist innerlich gefestigt, ist von sich und ihrem Tun auf angenehme Weise überzeugt. Denn sie ist am Ziel, und zwar in einem Leben, das sie wirklich will, das sie liebt und lebt – weil sie einst die richtige Abkürzung genommen hat. Vom Wunsch, Ärztin zu werden, über eine Lehre hin zum Network-Marketing-Professional, ihrer ganz persönlichen Erfüllung …

ZINAB RIZVI –
spontan gefragt, spontan gesagt

● **Mir ist Erfolg wichtiger als …**

„… immer noch Angst vor der Ablehnung anderer zu haben!"

● **Freiheit bedeutet für mich, …**

„… mein ‚Warum' zu leben!"

● **Manchmal möchte ich lieber, …**

„… die Welt von ihren Krisen befreien!"

● **Mein liebster Fehler an mir ist, …**

„… das sich manchmal sehr stur sein kann

und dann in der Selbstanalyse erkenne, warum ich so stur bin!"

● **Ich langweile mich, wenn …**

„… ich mit Menschen spreche,

die für alles gleich mehrere Ausreden haben!"

● **Network-Marketing bleibt ein modernes Business, weil …**

„… es keine Zielgruppe gibt, sondern es jeder machen kann!"

● **Mein wichtigster Rat an alle Networker lautet, …**

„… höre nie auf, dich weiterzuentwickeln und lerne täglich dazu!"

ULRIKE CHURFÜRST

YOUNG LIVING

NUTZE DAS SYSTEM SO EINFACH WIE ES IST – OHNE ES KOMPLIZIERTER ZU MACHEN

*G*laube kann Berge versetzen. Ein biblisches Wort, das heute populärer und aktueller ist denn je. So heißt es nämlich, einfach interpretiert, dass einem vieles bis nahezu alles gelingen kann, wenn man nur fest an seine eigenen Ziele und Vorhaben glaubt. Sogar, wenn das Vorhaben geradezu übermächtig und gewaltig zu sein scheint. Und so ganz nebenbei beinhaltet diese Metapher auch noch die Grundvoraussetzung für positives Denken. Spätestens jetzt werden Frauen und Männer, die im Network-Marketing-Business erfolgreich aktiv sind, stutzig und bemerken, dass all das Vorangestellte im Grunde doch nichts anderes ist, als mentale Säulen, die für ihr Geschäft geradezu essenziell sind: Ziele, Glaube, positives Denken. Erfahrene Networker wissen um die fundamentalen Grundlagen und Voraussetzungen, um in diesem einzigartigen Geschäft voranzukommen und Erfolg zu haben: Neben der meist beschworenen Ausdauer, einem persönlich langen Geduldsfaden ist es aber auch immer wieder der starke, feste Glaube, der so nötig ist. Der Glaube an sich, an das eigene Leistungsvermögen, der Glaube an die Realisierung der eigenen Wünsche und Träume und allem voran der Glaube ans System. Er hat absolute Priorität. Ulrike Churfürst steht genau für all das. Und sie hat mit diesem Vertrauen, dieser unerschütterlichen Zuversicht für sich im Leben eigene Berge versetzen können. Die Österreicherin ist der lebende Beweis, dass dieses uralte Sprichwort auch heute in modernsten Zeiten seine Gültigkeit hat, von seiner positiven Brisanz niemals etwas einbüßen wird und darüber hinaus einem inneren Energiefeld gleichkommt, das Antrieb, Dynamik und eine überzeugte sowie überzeugende Tatkraft aktiviert. Wie anders *wäre es sonst zu erklären, dass diese positiv gestimmte Networkerin, die am Rande von Österreichs schöner, mondäner Hauptstadt Wien lebt, sich jahrelang in verschiedenen Network-Unternehmen versuchte und ausprobierte, aber den ersehnten Erfolg erst recht spät erreichte. Dennoch blieb ihr Glaube an das System, ihre Überzeugung an der Funktionalität und ihr unerschütterliches Festhalten an der Network-Qualität unbeschadet. Im Gegenteil – ziemlich schnell gestand sie sich selbstkritisch ein, dass die Erfolge, die sich anfangs einfach nicht einstellen wollten, nicht diesem außergewöhnlichen Business oder dem Prinzip, der Praxis und der Strategie Network anzukreiden sind. Vielmehr projizierte sie ihre ausbleibenden Erfolge auf sich, auf ihre Persönlichkeit und gestand sich zunächst ein, wahrscheinlich nicht die Richtige für dieses Geschäft zu sein. Quasi die Falsche für das richtige System – trotz ihres unbeirrten Glaubens daran. Doch manchmal gibt es eben auch eine Story nach der Story, was wiederum ein sensationeller Neubeginn sein kann, wenn man nur den Glauben nicht verliert. Und genau den hatte sich Ulrike Churfürst unerschütterlich bewahrt, und zwar in einer Intensität, dass ihre zweite Story dank ihres Glaubens eine sagenhafte Erfolgsstory wurde ...*

Mit dem Abitur in der Tasche kann das Leben losgehen. Denkt jedenfalls Ulrike Churfürst in damals noch eher jugendlicher Naivität. Sie wird Sekretärin, um sich schon mal die ersten Brötchen zu verdienen. Sie hat dabei das Glück, in einem Unternehmen tätig zu werden, das Perspektiven bietet und ungeahnte, neue Chancen offeriert. „Ich war angestellt in einer Management-Beratungsfirma. Hier wurden mit diversen bekannten Trainings- und Schulungsmethoden Top-Führungskräfte anderer Unternehmen geschult. Das Repertoire reichte von der Kommunikation bis zum Verkaufstraining, von Weiterbildung im Bereich Führung und Management bis zur Rhetorik und Persönlichkeitsschulung. Insgesamt also eine sehr interessante Thematik. Und das Beste daran: Ich konnte im Rahmen meiner Arbeit sehr, sehr viele dieser Kurse und Seminare besuchen und mich auf diese Weise neben meiner Arbeit als Sekretärin selbst fortbilden. Denn ich wusste zudem, dass ich bestimmt nicht ein Leben lang als Sekretärin tätig sein wollte. Das liegt gar nicht in meiner Natur, stets für andere und deren Erfolg zu arbeiten. Schnell war mir bewusst geworden, dass ich die Zeit, die ich in mein Angestelltendasein investiere, lieber in mich selbst investieren sollte. Diese Freiheit und Selbstständigkeit sah ich nämlich als meinen künftigen Weg an", resümiert sie ohne Umschweife.

Wie so oft im Network-Marketing ist es mal wieder eine Empfehlung, die weitergetragen wird – so auch im Fall von Ulrike Churfürst. Denn als ihr eine Bekannte erst ein paar Kosmetik-Produkte vorstellt und dann on top ein bisher für sie unbekanntes System, das sie aber vom Fleck weg fasziniert, steht es für sie außer Frage: „Da mach ich mit! Das ist genau das, was ich gesucht habe!" Doch den Entschluss zu fassen, anzufangen und loszulegen, ist stets nur die eine Seite der Network-Medaille. Auf der anderen nämlich ist engagierte, harte Arbeit zu sehen, einhergehend mit Ausdauer, Geduld, Kompetenz, Selbstbewusstsein und die permanente Aktivität, das Richtige richtig und immer wieder richtig zu tun. Die empfohlenen Produkte sind auf alle Fälle schon mal ein Treffer. Die halbe Miete! Denn über viele Jahre hinweg hat sich die Wienerin mit heftigsten Hautproblemen gequält und im Zuge dessen viele Mittel ausprobiert – ohne echten Erfolg. Doch diesmal ist es anders: Die Kosmetikpräparate verschaffen ihr tatsächlich Linderung. Sie wirken. Und das sogar in doppelter Hinsicht – zum einen in der unmittelbar spürbaren Anwendung und zum anderen mental. Denn mit der Wirkung kommt auch die Überzeugung, dass das dahinterstehende attraktive und vielversprechende Geschäftsmodell ebenso „wirkt". Tut es auch – nur bei Ulrike Churfürst nicht. „Nein, es lief nicht wirklich. Ich hatte den richtigen Dreh damals wohl noch nicht raus. Obwohl ich mich gegen heftigsten Widerstand aus meiner Familie und meinem gesamten Umfeld geradezu mit Trotz durchbiss und schon deswegen mehr als motiviert war. Parallel hatte ich mich auch noch als Farb- und Stilberaterin selbstständig gemacht, hatte also gleich zwei Geschäfte am laufen …", berichtete die Unternehmerin.

Für den Lebensunterhalt und die nötigen Finanzen sorgt unterdessen ihr Ehemann, der auch Vater ihrer beiden ersten Kinder ist. Nein, so wirkliches Verständnis für die Unternehmungen seiner Frau hat er nicht, erst recht nicht für den „Network-Hokuspokus". „Man weiß doch, was das für ein substanzloser Zirkus ist", äußert er sich immer wieder, und all die bekannten Vorurteile über die außergewöhnliche Branche fahren in seinem Kopf Achterbahn. „Ich habe immer an mich und meine Selbstständigkeit geglaubt – und noch mehr an Network-Marketing. Dass es nicht funktioniert, nein, das stand für mich völlig außer Frage. Ich war felsenfest davon überzeugt, dass es klappen wird. Dabei habe ich mir das auch nicht irgendwie schöngeredet oder mir selbst etwas vorgemacht. Überhaupt, ich war einfach absolut überzeugt – trotz meiner bis dato nicht selbst gemachten und erlebten Erfolgserfahrungen", bekräftigt die unerschütterliche Networkerin.

Es folgen weitere, neue

Einsichten bei inzwischen weiteren Network-Unternehmen – mit ähnlich geringen Umsätzen, aber zumindest die Stilberatung läuft. Sogar so gut, dass es Ulrike Churfürst in die Medien schafft, gefragt ist und in Sachen etablierter Selbstständigkeit vorankommt. Nur das Verständnis des Ehegatten fehlt weiterhin, das mit einem beinahe Belächeln ihrer Aktivitäten einhergeht. Männliche Koketterie, die Folgen hat – nämlich zu guter Letzt die Trennung und zugleich das Ende der ersten Ulrike-Churfürst-Story. Doch da bekanntermaßen jedem Ende auch ein Anfang innewohnt, ist es eben auch der Beginn einer neuen Lifestory. Einer, die erneut von einem Faktor geprägt ist: Glaube …

Die umtriebige Österreicherin lernt wenig später die Liebe ihres Lebens kennen. Es funkt bei ihr, aber so richtig. Sie als Mutter mit zwei Kindern, er als Vater von zwei Kindern – Patchwork lässt grüßen. Kein Wunder, dass er anfangs zögert. Will er das wirklich? Ja, er will – auch wenn er es bei all seinen Frühlingsgefühlen anfangs noch nicht wirklich weiß und dabei versucht, rational zu bleiben. Doch die Emotionen samt Schmetterlinge im Bauch siegen – zum Glück. Denn die beiden sind, ohne es vorher zu wissen, füreinander wie geschaffen. Manchmal muss man eben nur daran glauben … dann hilft auch das Glück ein kleines bisschen nach, selbst wenn es nicht gleich offensichtlich wird. Denn als eine Freundin ihres neuen Partners von einem USA-Besuch zurückkehrt, hat sie für den Masseur das an sich passende Mitbringsel in der Tasche: ein Set ätherischer Öle! Und die Ärztin schwärmt ihm vor: „Diese Öle musst du verwenden, sie sind grandios in ihrer Wirkung. Du wirst staunen!" Doch ihre Lobpreisungen stoßen noch auf taube Ohren. Stattdessen schmücken die Ölfläschchen „made in USA" lediglich ein Regal in der Küche des erfahrenen Therapeuten und Masseurs. Bis zu dem Zeitpunkt, als es ihn selbst „erwischt" – eine schmerzhafte Sehnenscheidenentzündung plagt ihn. Wen ruft er in seiner Verzweiflung an? Richtig, seine befreundete Ärztin. Ihr Rat: „Was dich unterstützen wird, habe ich dir aus den USA mitgebracht. Es steht in deinem Regal. Nimm diese Öle, sie helfen wirklich sensationell", fleht sie ihn nahezu an. Und diesmal probiert er sie tatsächlich aus. Man muss kein Prophet sein, um zu wissen, was jetzt passiert: Genau, die ätherischen Öle wirken – schnell, unkompliziert und vor allem überaus wohltuend.

„Natürlich wollten wir jetzt mehr erfahren. Es war gefühlt das reinste Zaubermittel. Unfassbar, wie effektiv das Resultat war. Es gab nur ein Problem: Die Öle gab es nicht mal eben so zu kaufen oder auf dem öster-reichischen Markt zu bestellen. Unsere befreundete Ärztin hatte daraufhin fast eine doppelte Hiobsbotschaft für uns parat: Zu kaufen gab es die Öle zum einen nur in den USA! Und – jetzt kommt's: Dahinter steckte zum anderen ein Network-Marketing-Unternehmen. Oha, nicht schon wieder, dachte ich bei mir und musste an meine bisher gemachten Erfahrungen trotz aller Bemühungen denken. Und als mein Mann nur das Wort ‚Net-work' hörte, hob er schon abwehrend die Hände. Niemals! Network-Mar-keting? Nein danke, never ever …", lacht Ulrike Churfürst heute über ihre damalige Reaktion.

Klar, heute hat sie auch allen Grund zum Lachen. Ist sie doch die unange-fochtene Nummer 1 in Europa für „Young Living", dem US-Network-Un-ternehmen aus dem US-Bundesstaat Utah, das ursprünglich so gar nicht den europäischen Markt erobern wollte. Warum nicht? Weil man Europa aus der Sicht des Unternehmensgründers Gary Young für absolut nicht network-fähig hielt. Pustekuchen! Denn Ulrike Churfürst und ihr Mann Vijay haben ihm das Gegenteil bewiesen – mit viel Pionierarbeit, viel En-gagement, Liebe zu den Produkten und einem mal wieder unerschütter-lichen Glauben. Denn Fakt war, dass die Öle nicht nur gut rochen, sondern auch eine bemerkenswerte Wirkung zeigten, aber auf dem EU-Markt nicht erhältlich waren. Was also tun? Auf Vermittlung der befreundeten Ärztin reist ihr Mann im Jahr 2003 in die USA. Manchmal muss man eben tun, was zu tun nötig ist. Ein Besuch, der Spuren hinterlässt. Die beiden Österreicher sind mehr als angetan vom Initiator, von seiner Story und von der innovativen, ökologischen Interpretation seines Therapieverfahrens. Nur der Glaube an Europa als lukrativen Markt fehlt ihm. Und dennoch überzeugen die beiden „Alpenländer" den waschechten Cowboy und schließen einen Deal: „Wenn ihr 500 Partnerinnen oder Partner für Young Living in Europa gewinnt, dann startet das Unternehmen offiziell auf diesem Kontinent!"

WIR PRODUZIERTEN VOM PRODUKT ÜBERZEUGTE ENDKUNDEN, ABER KEINE EMPFEHLUNGS-NETWORKER

Yeah! Deal! Handschlag und los geht's. Die ersten Öl-Sets für ein erfolgreiches Business kommen nach Österreich und finden reißenden Absatz. Kein Wunder, so überzeugt wie Ulrike Churfürst und ihr Mann sind. Die Krux dabei: Unterlagen, Material oder irgendeine Starthilfe aus den USA? Fehlanzeige! Die beiden spüren die ganze Härte des Deals – und schreiten dennoch voran. Die Bestellungen laufen allesamt direkt über die Vereinigten Staaten. Was das für Ausgaben, allein in Bezug auf Zulassung der Produkte in der EU, Zollgebühren und Versandkosten, nach sich zog, kann man sich leicht vorstellen. „Egal, wir haben es gemacht. Einzig und allein aus Begeisterung für die Produkte. Darüber hinaus haben wir bald Abend für Abend Info-Vorträge über die Anwendung ätherischer Öle gehalten. Und wenn es sich nicht vermeiden ließ, auch noch nachmittags. Von klassischem Network-Marketing aber waren wir in dieser Phase meilenweit entfernt. Zwar bestellten die Leute direkt in den USA – und zwar nur dieses eine Set mit sieben kleinen Fläschchen –, und wir gaben ihnen allesamt eine Partnernummer, aber ohne es zu wollen, produzierten wir so einen Endkunden nach dem anderen. Aber dabei versäumten wir es, sie lieber zu Partnerinnen und Partnern zu machen. Unsere Produktbegeisterung hat uns in gewisser Weise auch ein Stück weit blind gemacht. Durch uns haben andere bestellt, aber wir verdienten eigentlich kaum Geld. Und so ging das beinahe knapp zehn Jahre. Zehn Jahre in denen wir sogar die Europäische Akademie für Aromatherapie gründeten und lauter neue Fans produzierten. Nur den eigentlichen Network-Gedanken der Expansion haben wir dabei vernachlässigt", gesteht Ulrike Churfürst heute offen ein. Denn obwohl empfohlen und wieder empfohlen wurde, und dadurch ganze Heerscharen an Kunden entstanden, wirkte sich all das nicht wirklich durchschlagend auf die Karriere aus. Ein Blick auf den Karriereplan machte es deutlich: Von zehn Stufen waren erst sechs erreicht. Wohlgemerkt: nach zehn Jahren Dauerpower!

Dumm gelaufen! Aber auch Pechsache: Denn die „Öl-Pioniere" hatten ja als „Europäische First Mover" keine Upline, von der man lernen konnte. Doch die Network-Totalüberzeugte macht in diesem Moment einen Schritt, der nicht nur ungewöhnlich, sondern auf den ersten Blick nahezu fatal erscheint. Sie wendet sich einer anderen Network-Company zu. Nicht aus Karrierefrust, sondern eher aus neugieriger Karrierelust. Weil sie glaubt, was sie bei Young Living nicht lernen kann, lernt sie vielleicht woanders. Nämlich: Wie funktioniert erfolgreiches Network-Marketing.

Achtung! Festhalten, jetzt kommt's: Es klappt tatsächlich. Sie baut dort in relativ kurzer Zeit ein bestens funktionierendes, umsatzstarkes Team auf. Da ist er endlich, der heiß ersehnte Erfolg. Warum: Weil sie im neuen Unternehmen perfekt ausgebildet wird und der dortige Europamanager ihr den richtigen Weg weist. Beweis erbracht: Network funktioniert. Es hat im Kopf klick gemacht! Und das bedeutet zugleich nach einigen Jahren: back to the roots! Zurück zum Öl! Bestens ausgebildet, und mit guten Einkommen on top ausgestattet, folgt Ulrike Churfürst dem Ruf ihres Herzens – und ihres Mannes, damit beide nun ein schlagkräftiges, waschechtes Network-Duo bilden können. „Wir wussten, was wir zu ändern hatten. Und zwar etwas Grundlegendes, etwas Entscheidendes. Und genau das haben wir getan – radikal. Uns wurde bewusst, dass wir in den vergangenen Jahren die Menschen regelrecht totgeschult hatten. Wir haben Produkt-Junkies aus ihnen gemacht statt Networker. Die wussten alles über Öl und nichts darüber, wie man die Produkte weiterempfiehlt. Genau aber das ist der Schlüssel zum Network-Erfolg. Das ist echtes Network-Marketing, nämlich neben der Produktempfehlung deutlich zu machen, was für eine gigantische Geschäftschance damit verbunden ist. Unsere Leute wollten eher zum Aroma-Wissenschaftler werden, statt zum Networker. Die Botschaft muss einfach gehalten werden.

BEST OF **Network-Marketing** WOMEN

Heute heißt unser Slogan ‚Love it! Share it! Repeat it!' – fertig, das ist es. Je einfacher, desto besser. So simpel das klingt, so wichtig ist es zu wissen. Vor dem Hintergrund haben wir gleich unsere Akademie-Aktivitäten reduziert. Aus, Schluss, vorbei – Ende mit Fachvorträgen, Blitzstart mit Networking, indem wir uns duplizierbar machen, denn davon lebt unser Business. Und das ist nur durchführbar, wenn man kein einzigartiger Produktspezialist ist, sondern ein guter Networker", weiß die Young Living-Unternehmerin.

Sie ist trotz aller Schwierigkeiten heute gemeinsam mit ihrem Mann die Nummer 1 in Europa, betreibt fast auf dem ganzen Globus ihr Geschäft – und beide sind nach einer schier unglaublichen Network-Odyssee ganz oben angekommen. Oben auf dem Karriereplan, auf dem persönlichen Gipfel des Triumphes, aber auch in der Gewissheit, heute vieles noch richtiger zu machen, weil glauben halt nicht wissen ist. Sie aber weiß es. Der Erkenntnis und ihrem festen Glauben ans System sei Dank. Denn der kann ja bekanntlich Berge versetzen, auch Erfolgsberge im Network-Marketing ...

ULRIKE CHURFÜRST –
spontan gefragt, spontan gesagt

● **Mir ist Erfolg wichtiger als ...**
„... unnötig Zeit für Unnützes zu vergeuden!"
● **Freiheit bedeutet für mich, ...**
„... ohne Einschränkungen leben zu können!"
● **Manchmal möchte ich lieber ...**
„... auch mal nichts tun!"

● **Mein liebster Fehler an mir ist, ...**

„... mein Perfektionismus!"

● **Ich langweile mich, wenn ...**

„... ich nichts zu tun habe!"

● **Network-Marketing bleibt ein modernes Business, weil ...**

„... es die beste Chance der Welt ist!"

● **Mein wichtigster Rat an alle Networker lautet, ...**

„... sich stets zu fragen, ob dich das, was du gerade tust, deinem Erfolg
wirklich näherbringt!"

MAHARANI WOLF

HERBALIFE NUTRITION

WIR BEKOMMEN ALLE, WAS UNS ZUSTEHT – WENN WIR NUR ALLES DAFÜR TUN

V om schönen Schweizer Nobel-Skiort Davos Tausende Kilometer ost-
wärts in das exotisch-mystische Indien – das ist nicht nur eine lange
Reise, es ist vielmehr ein Unterschied wie Tag und Nacht. Auf der einen
Seite bestens präparierte Schneepisten, Highlife und High Society, Cham-
pagner, exquisite Speisen und teure Edel-Herbergen. Auf der anderen
Seite die sengende Hitze Indiens, viel Armut, Hunger, Überbevölkerung
sowie vielfach einfachste Wohn- und Lebensverhältnisse. Die Gegensätze
könnten nicht größer sein. Aber so eine Reise ist ebenso ein Aufbruch in
eine völlig andere Welt, in eine komplett andere Kultur mit völlig anderen
Riten und anderen Weltanschauungen. Was für so manchen wohl beinahe
unvorstellbar klingt, ist für Maharani Wolf nichts anderes als zwei Welten,
die sich in ihr vereinen. Dieser Kontrast, der so manchen verwirren und
überfordern würde, lässt sie geradezu erblühen und durchatmen. Denn
sie fühlt sich in beiden Welten zu 100 Prozent zu Hause. Mal als Schweizerin und überaus erfolgreiche Networkerin im entsprechenden Outfit mit
Kleid, Pumps, Jeans oder Sneaker. Und dann wieder lebt sie ein Leben
im bunten Sari, wie das Gewand der indischen Frauen genannt wird, und
spendet für andere Essen. Dazu trägt sie Tilaka, die aufgemalten Segens-
zeichen auf der Stirn, verschmilzt mit der indischen Kultur, ohne sich zu
verstellen oder zu schauspielern. Denn sie ist durch und durch authentisch
– in beiden Welten, weil sie beide Kulturen liebt und lebt. Und ebenso,
weil sie in ihrer inneren Spiritualität gefestigt ist. Best of both Worlds – so
heißt es im internationalen Wording. Bei ihr ist es ein gegenseitiges Geben
und Nehmen, eines das Einklang und Ausgewogenheit dokumentiert. Wie
Network-Marketing dazu passt? Wer bei ihr genau hinsieht, wird es be-

merken: Bestens! Denn dieses Business spielt im eher außergewöhnlichen Leben von Maharani Wolf einen ebenso soliden wie werthaltigen Part. Einen, der Ruhe, Frieden und innere Gelassenheit in ihr bewirkt. Ein ruhender Pol. Aber auch einen, der Mittel zum Zweck für sie ist. Es ist ihr Fundament für Zufriedenheit und Zuversicht. Sie nutzt Network-Marketing für sich, auch weil es ihr bei anderen Projekten wiederum sehr zugutekommt. Zeigt dies doch nur einmal mehr, wie modern, anpassungsfähig und einzigartig dieses positive System ist. Universell einsetzbar, schon deswegen ist und bleibt Network-Marketing ein echter Dauerbrenner ...

Ein Leben in zwei Welten – hört sich auf den ersten Blick aufregend und interessant an – und ist es auch. Insbesondere, wenn man sich den Karriereverlauf der Schweizerin im Network-Marketing-Geschäft ansieht. Ein Weg, der von Authentizität geprägt ist, vor allem, weil sie sich treu bleibt, statt sich fremden Normen anzupassen oder gar unterzuordnen. Sinnbildlich dafür stehen ihre sportlich-alpinen Ski-Leistungen, die grandios sind. Klar, wer schon aus Davos stammt, der muss auch fast weltmeisterlich die Hänge runtersausen können. Sicherlich bei vielen der erste Gedanke. Nein, genau das muss eben niemand. Können heißt nicht müssen! Maharani Wolf hat „lediglich" Spaß am Skisport – aber nur um des Spaßes willen. Dennoch wird sie gleich mehrfach in den Nationalkader berufen – doch sie lehnt ab. Keine Ignoranz oder gar Arroganz, nein, es ist einfach nicht ihr Ziel, das sie verfolgt hat.

Vor allem will sie eins nicht: den Anforderungen und Erwartungen anderer entsprechen müssen. Keine Frage, die meisten anderen hätten diese Einladung ins Nationalteam wohl mit Kusshand angenommen. Sie hingegen nicht. Denn diese Frau hat ihren eigenen Kopf und ihre eigenen Visionen. Und sie lässt sich nicht verbiegen, nicht von den Eltern, nicht vom Umfeld. Nein, sie bleibt sich treu – bis heute. Sie ist dabei gerne anders, fällt mutig aus dem Rahmen der Normen, aber ohne es zu betonen oder zur Schau zu stellen. Maharani Wolf ist wie sie ist – eigensinnig authentisch. Fertig! Gut so! Das gilt bei ihr von Kopf bis Fuß, von ihrer persönlichen Geisteshaltung über ihre vegetarische Ernährung bis hin zu ihrer spirituellen Einstellung. Genauso nonkonform verläuft parallel dazu auch ihr Leben. Einerseits so typisch für diese besondere Frau, andererseits eben irgendwie auch nicht. Denn was für „Mainstreamer" fast bizarr klingt und fast schon nach Chaos riecht, ist für die überzeugte Vegetarierin im Grunde völlig normal. Nämlich sich auszuprobieren, das Leben zu testen und dabei auch ihre Überzeugungen und Einstellungen immer wieder zu hinterfragen. Nicht theoretisch, sondern in reinster Praxis.

Und dies, indem sie als junge Frau Nepal und Indien besucht, diese andere Welt kennenlernt und hautnah erfährt. Sie fristet aber ebenso später als gelernte Physiotherapeutin im Angestelltenverhältnis in der Schweiz ihr Dasein. Wägt ab, lebt ein Leben, das nach Lösungen schreit. Sie heiratet, wird zweifache Mutter und passt sich in der heimatlichen Schweiz an,

irgendwie, und dennoch ohne wirklich angepasst zu sein. „Spätestens da wurde mir aber auch bewusst, dass ich mir endlich mal über das Materielle in meinem Leben klar werden musste. Denn als Mutter von zwei kleinen Jungs hatte ich ja die Verantwortung für meine Kinder. Somit kam mir die Network-Chance gerade recht", erklärt sie ohne zu zögern. Heute kann sie von sich behaupten, dass ihre Spiritualität ihr die innere Stärke gegeben hat, die besonderen Herausforderungen im Network-Marketing zu bestehen und so ihren Weg unbeirrt zu gehen. Glauben ist zwar nicht Wissen, aber es ist auf alle Fälle das Feststehen in dem, was man spürt. Es ist das innere Erleben des „Richtigen"! „Ich bin überzeugt, dass wir alle das bekommen, was uns zusteht, aber wir müssen auch etwas dafür tun. Das bedeutet nicht, dass wir uns einrichten und es uns bequem machen können, und so ganz nebenbei das Glück vom Himmel fällt. Im Yoga-Sitz darauf zu warten, die oberste Karrierestufe im System zu erreichen, das funktioniert nicht", erläutert die kluge, weltoffene Networkerin.

Und weil das so ist, hat sie sich mehr als angestrengt, hat absolut alles gegeben, jede freie Sekunde genutzt, um wieder eine neue Kundin oder einen neuen Kunden für sich und ihre Partner-Company zu gewinnen. Denn das ist es, was in ihrem Karriereplan im Vordergrund steht: die Kunden! Daher hat sie eine sehr hohe Rate an Teampartnern, die beinahe alle auch zuvor Kunden waren! Vor allem, weil sie den Wert auf Kundenbetreuung legt und dass sie allesamt ihr Ziel erreichen! Entscheidend ist dabei ihr Glaube an sich und an ihr Schicksal. Sie ist sich sicher: Ich schaffe es! Diese innere Überzeugung spendet ihr Kraft und Antrieb. Und das macht deutlich, wie sehr ihr die eigene Spiritualität eben nützt, wie sicher sie auf diesen Glauben baut.

„Das Schlimmste, was einem Networker passieren kann, ist doch das Nein von jemand anderem. Mich aber hat ein Nein niemals negativ beeinflusst. Denn ich wusste, dass das nächste Ja kommen wird. Darauf habe ich vertraut. Die logische Konsequenz daraus: Ich muss einfach nur mehr Leute auf meine Botschaft ansprechen. Wird der eine nicht mein Kunde oder Partner, dann wird es eben der nächste, den ich darauf anspreche. So einfach ist das, und so schwer zugleich, weil man nicht aufhören darf, sondern weiter, immer weiter macht, bis die Resultate stimmen. Es liegt also ganz und gar nur bei mir selbst. Ich allein habe es in der Hand, denn ich entscheide, ob ich nach dem Nein weitermache und mir danach bei jemand anderem ein Ja abhole, oder ob ich den Kopf hängen lasse und aufgebe. Das muss einem immer wieder bewusst werden. Und ich hatte diese Einstellung von Beginn an. Eben weil ich mir selbst vertraut habe und darüber hinaus wusste, dass ich auf dem richtigen Weg bin", macht die Herbalife-Führungskraft eindringlich deutlich.

Apropos Beginn – ist der Einstieg in das Network-Marketing-Business für so eine positiv ungewöhnliche Frau fast eine zwangsläufige Notwendigkeit? Gehört jemand, der so tickt wie sie, einfach in diese Branche? Oder trifft hier vielmehr eine ungewöhnliche Persönlichkeit auf ein ebenso ungewöhnliches System? „Damals wollte ich das spirituelle Leben einmal so richtig erleben. Also kündigte ich meinen Job, reise nach Indien, zog in einen Tempel ein und engagierte mich als ausgebildete Physiotherapeutin bei den Mitgliedern meiner neuen Gemeinschaft. Dabei traf ich auf einen Gelehrten, der viel umherreiste und der mich wenig später von Tempel zu Tempel mitnahm. Und siehe da – auf einer Station bot mir jemand etwas von Herbalife an. Es schmeckte, es tat mir gut und seitdem habe ich es immer wieder gegessen – mehr aber nicht. Und das dahinterstehende Geschäft spielte erst recht keine Rolle für mich. Erst später, als ich lange wieder zurück in der Schweiz war und inzwischen als alleinerziehende Mutter zurechtkommen musste, war natürlich Geld ein Thema. Weil halt immer zu wenig davon vorhanden war. Also machte ich mir Gedanken, wie ich für meine Jungs und mich besser sorgen konnte. Nach einem unverbindlichen Treffen mit meiner Herbalife-Ansprechpartnerin, bei der ich meine Produkte bestellte, fing es dann doch in meinem Kopf an zu arbeiten. Und dies, nachdem sie mir nochmals die Möglichkeiten des Geschäfts verdeutlicht und aufgezeigt hatte. Wenn..., ja, was wäre eigentlich, wenn ich doch in das Business einsteigen würde? Natürlich machte ich mir Gedanken darüber. Was, wenn es wirklich alles so klappen würde, wie es erzählt wird? Und was wäre, wenn ich auf diese Weise wirklich gutes Geld verdienen könnte? Wenn ich sogar selbstständig sein könnte? Oder wenn ich tatsächlich von zu Hause aus arbeiten könnte und so für meine Kinder mehr Zeit hätte … wenn, wenn, wenn? Und plötzlich war er da, der Traum von der finanziellen Unabhängigkeit. Ich malte mir das

Leben wirklich mit all seinen Eventualitäten für mich aus", lächelt die Unternehmerin, die effektiv seit über 20 Jahren das Network-Marketing-Business erfolgreich betreibt.

Aber lässt sich das Business denn auch mit der eigenen Spiritualität verbinden? „Ja, denn es kommt im Endeffekt nämlich darauf an, was man mit dem Geld macht. Mir war von Beginn an bewusst – und das bis heute –, dass ich alles, was ich für mich nicht selbst brauche, eben gebe oder sinnvoll einsetze. Keine Reichtümer weiter anhäufen oder sinnlos konsumieren, sondern Geldmittel sinnstiftend verwenden und investieren. So lässt sich ein sehr hohes Einkommen auch sehr gut mit der spirituellen Welt verbinden. Das heißt ja nicht, dass man sich nichts leisten darf oder soll. Im Gegenteil. Ich bin der festen Überzeugung, dass man echte Spiritualität nur leben kann, wenn man materiell zufrieden und ausbalanciert ist. Ansonsten wäre man immer auf der Suche und genau das wollte ich eben nicht mehr. Darum war mir finanzielle Freiheit mit der Zeit so überaus wichtig", definiert sie ihre sehr eigene und ebenso weise Einstellung.

Wünsche und Hoffnungen auf eine noch bessere Zukunft sind aber nur graue Theorie. So schön Träume auch sein können. Um sie aber zu realisieren, muss man die Praxis erleben und aktiv werden. Und nein, das ist nicht immer „Zucker schlecken". Auch eine in sich mental gefestigte Maharani Wolf lernt daher die Härten und manchmal schweren Aufgaben des Geschäfts kennen. Was ihr dabei hilft? Sie hat einen Grund für ihr Tun und kennt ihr „Warum". Allem voran will sie für ihre beiden „Kids" ein besseres, sorgenfreies Leben ohne große Einschränkungen ermöglichen. „Ich wollte, dass meine Kinder ihre Träume später einmal erfüllen können. Ohne, dass Geld eine Rolle spielt oder der Mangel daran Träume zerplatzen lässt. Dazu wollte ich ihnen verhelfen und dafür habe ich vieles auf mich genommen – und zwar gern und aus vollem Herzen. Heute kann ich sagen, dass ich nicht nur bereit war, den Preis zu zahlen, um im Network-Marketing voran- und nach oben zu kommen. Nein, ich habe den Preis definitiv bezahlt. Vor allem habe ich auf viel Privates verzichtet. Aber es hat sich mehr als gelohnt. Das steht für mich aus heutiger Sicht absolut außer Frage," sagt die Top-Führungskraft, die betont, dass sie weniger Networkerin dafür hundertprozentige Herbalife-Partnerin ist und darum auch

niemals für ein anderes Unternehmen arbeiten würde oder woanders mit dem Business begonnen hätte. Denn das Produktportfolio und die Unternehmens-Philosophie passen ihrer Meinung nach eins zu eins zu ihr. Das ist der wahre, tiefe Grund für ihren Idealismus. Maharani Wolf tickt anders, lebt anders und denkt in vielerlei Hinsicht anders. Anders jedenfalls als die meisten. Ihre Emotionen hingegen sind genauso menschlich, genauso herzlich und genauso „normal", wie bei uns allen auch. Das allein ist zu spüren, wenn sie von ihrer Ehrung berichtet und den Feierlichkeiten, als sie die oberste Stufe im Karriereplan ihrer Partner-Company erreichte. Der Lohn ihres Fleißes und ihres außergewöhnlichen Engagements nach zehn Jahren. „Das war mein Ziel, mein Traum, mein Fokus, den ich endlich erreicht hatte. In mir brachen Dämme vor Glück und Erleichterung. Ich weiß gar nicht, wann ich mal so vor Freude geweint habe wie in diesem Moment. An diesem Tag habe ich mich gefühlt wie eine Prinzessin. Es war für mich der Moment der Momente", schwärmt sie und fügt die dazugehörigen schwierigsten Augenblicke ihrer Traumkarriere gleich hinterher. Als nämlich ihre kleinen Kinder immer weinten, wenn sie alle zwei

Wochen an den Wochenenden zur Weiter- und Fortbildung auf Seminare ihrer Company fahren musste, auch ein Stück weit der Preis, den sie für ihren Erfolgstriumph nach zehn Jahren Arbeit zu zahlen hatte.

ANDEREN NICHTS ZULIEBE MACHEN, WAS EINEM SELBST SCHADET

Die Schweizerin mit indischem Faible ist für sich und ihr Business über die Jahre hinweg zu ihrer eigenen und besten Werbe-Ikone geworden. Sie ist, was sie isst und sie strahlt es von Kopf bis Fuß aus – Vitalität, Gesundheit, Ehrlichkeit und Authentizität. Sie muss daher niemanden von sich überzeugen, sondern sie wirkt vielmehr auf andere. Mit Worten und mit Taten. „Ich bin die beste Werbung für mich selbst. Meine Optik, meine Ausstrahlung. Das schafft aber auch die innere Überzeugung zu wissen, was für mich jeweils das Richtige generell und der jeweils richtige Weg ist. Dafür stehe ich ein und davon lasse ich mich auch nicht abbringen. Ich bin mir treu. Vor allem mache ich nichts anderen zuliebe, wenn es mir selbst schadet. Das versteht nicht immer jeder und hat manchmal den Anschein, dass ich egoistisch sei. Nein, es ist nur ehrlich mir gegenüber. Ich entscheide mich für mein Glück, um auch dieses Glück an andere weitergeben zu können."

Genau das tut sie. Unter anderem, wenn sie von der westlichen Welt nach Indien „wechselt". Diese Möglichkeit zu haben, hat Network-Marketing erst möglich gemacht. Und die vielen Kundinnen und Kunden, die Maharani Wolf über die vielen Jahre hinweg für sich gewinnen konnte. Denn durch die sich stets wiederholenden Neu-Bestellungen generiert sie ihr permanentes, residuales Einkommen – und das ist gleichbedeutend mit der ersehnten finanziellen Freiheit. In Indien kümmert sie sich dann auf rührende Weise um Menschen – indem sie hilft. Hautnah mit Taten – indem sie beispielsweise täglich 150 Essen an andere Menschen austeilt, sich um andere kümmert, da ist und mit anpackt, da, wo es nötig ist. Finanziert durch ihre Network-Arbeit und durch den stetigen Fluss an finanziellen Mitteln – es ist eben ihre persönliche Art, ihr Leben als erfolgreiche Networkerin zu leben und sinnvoll zu gestalten. Und dabei bleibt sie dennoch bodenständig. Auch, indem sie mit ihren guten Taten nicht groß „hausieren" geht, sondern auch hier eher auf Bescheidenheit setzt. „Ich bin einfach dankbar – jeden Morgen und jeden Abend. Dankbar für diese Chance, die ich mit und durch Network-Marketing erhalten habe. Für das Leben, dass ich daher heute führen darf und für die finanzielle Freiheit. All das gibt mir ja erst die Möglichkeit, auch anderen helfen zu können. Obendrein erfüllt mich mein Team mit so großer Freude. Ich weiß: Ohne dem wäre der Erfolg gar nicht machbar. Sicher, ich habe immer an mich geglaubt, habe immer mein Bestes gegeben, aber dennoch ist mir sehr wohl bewusst, dass nichts auf dieser Welt selbstverständlich ist. Schon gar nicht so ein Erfolg, so ein freies Leben, wie ich es führen kann", betont Maharani Wolf voller Demut. Sie weiß, dass Taten mehr zählen als Worte und erst recht mehr als leere Worthülsen. Wasser predigen und Wein trinken, das ist nicht ihre Welt. Zudem besitzt sie bei aller inneren Stärke auch den Mut, anderen ihre Überzeugungen und ihre individuellen Glaubenssätze zu lassen. Das darf man getrost als echte Toleranz bezeichnen.

VERÄNDERUNGEN SIND GUT, WENN SIE DEN BEWÄHRTEN WEG WEITER ERGÄNZEN

Ja, Maharani Wolf ist auf ihre Art besonders, aber irgendwie auch nicht. Nur, weil sie sich den anscheinenden Luxus erlaubt, statt in nur einer gleich in zwei Welten zu leben? Und dies mit voller Intensität. Aus diesem Blickwinkel heraus ist sie doch vielmehr ein leuchtendes Beispiel, wie mannigfaltig, wie abwechslungsreich und wie aufregend ein einziges Leben sein kann, wenn man es nur nach den eigenen Wünschen, Bedürfnissen und Visionen ausrichtet. Network-Marketing kann dabei das ideale Vehikel sein, das einem dabei verhilft, ans persönliche Ziel zu kommen. Wer es nicht glaubt, braucht nur die außergewöhnliche und wiederum doch gewöhnliche Geschichte von Maharani Wolf zu lesen. Eine Story, die in diesem Fall nicht nur das Leben schreibt, sondern eine „Queen of Success" oder, wie in diesem Fall, wohl eher eine echte Maharani ...

MAHARANI WOLF –
spontan gefragt, spontan gesagt

● **Mir ist Erfolg wichtiger als …**
„… das Geld, das ich dabei verdiene!"
● **Freiheit bedeutet für mich, …**
„… einerseits zu wissen, was ich möchte,
andererseits dafür einzustehen und es zu leben!"
● **Manchmal möchte ich lieber …**
„… auch mal so völlig unbekümmert sein wie andere!"
● **Mein liebster Fehler an mir ist, …**
„… dass ich so extrem sensibel bin!"
● **Ich langweile mich, wenn …**
„… jemand mit mir Small Talk reden will!"
● **Network-Marketing bleibt ein modernes Business, weil …**
„… es das sozialste Business ist, das immer eine
Win-win-Situation zum Ergebnis hat!"
● **Mein wichtigster Rat an alle Networker lautet, …**
„… finde deinen Traum, für den du bereit bist, alles zu tun,
was notwendig ist!"

Für mehr Erfolg im Network-Marketing